ELEKTRISCHE LAMPEN

VON

DR. ALFRED R. MEYER

―――

SONDERABDRUCK

AUS BLOCH, LICHTTECHNIK

VERLAG R. OLDENBOURG, MÜNCHEN-BERLIN

Vierter Abschnitt.

Elektrische Lampen.
Von Dr. Alfred R. Meyer.

§ 1. Geschichtlicher Überblick.

Bogenlicht und Glühlicht bis 1900. In der bisherigen Geschichte
der elektrischen Lampen lassen sich zwei dem Leitgedanken nach verschiedene Abschnitte unterscheiden. Der erste stellt die mehr historisch
tastende Etappe dar, der zweite umfaßt das Gebiet der eigentlichen
technischen Entwicklung.

In den ersten Abschnitt fällt die der Bogenlampe zugrunde
liegende fundamentale Beobachtung von Davy, dem es Ende des
ersten Jahrzehnts des vorigen Jahrhunderts zum ersten Male gelang,
zwischen zwei Kohleelektroden einen Lichtbogen zu erzeugen. Ihm ge-
hören auch die Versuche von Grove, de Moleyns, Petrie und anderen
in den vierziger Jahren des vorigen Jahrhunderts an, unter Benutzung
von auf Weißglut erhitzten Metalldrähten (Platin und Iridium) die Vorläufer der heutigen elektrischen Glühlampe herzustellen.

Alle diese Versuche blieben aber auf ihre Anfänge beschränkt,
zumal es mangels geeigneter Stromquellen auch an den technischen
Vorbedingungen für die Benutzbarkeit der etwa hergestellten Lampen
fehlte. Eine entscheidende Wandlung in diesen Verhältnissen trat
erst in den sechziger und siebziger Jahren ein; sie ergab sich aus der
Erfindung der Dynamomaschine und ihrer Durchbildung bis zur praktischen Verwendbarkeit. Damit war der Boden für die nun einsetzen-
den Versuche gegeben, die neue Energiequelle der Beleuchtung nutzbar zu machen.

Die ersten Erfolge in dieser Richtung fielen der Bogenlampe zu,
die mit der Jablochkowschen Kerze bereits 1876 die Aufgabe der
sog. Teilung des Lichtes löste, und die 1879 mit der sie ablösenden
Differentiallampe von v. Hefner-Alteneck bereits die heutigen
Formen der mit einem Regulierwerk arbeitenden Bogenlampe zeigt.
Etwa zur selben Zeit (1881) erschien auch die Kohlefadenglühlampe
auf dem Markte, um deren Durchbildung sich neben anderen insbesondere Edison und Swan Verdienste erworben hatten. Bogenlampe
und Glühlampe hatten ursprünglich in ihrer praktischen Verwendung

keine Berührungspunkte, da die eine lediglich für hohe Lichtstärken in Frage kam, die andere nur für Lichtstärken bis höchstens 50 Kerzen hergestellt werden konnte.

Weiterausbildung der Bogenlampe seit 1900. Für die weitere Entwicklung der Bogenlampe waren in den beiden folgenden Jahrzehnten lediglich konstruktive Gesichtspunkte maßgebend, indem die Durchbildung und Vervollkommnung der Regelwerke den wesentlichen Inhalt der ausgeführten Arbeiten bildeten. Prinzipiell neue Fragen wurden erst in den neunziger Jahren angeschnitten. Damals erzielte J a n d u s in seiner D a u e r b r a n d l a m p e durch teilweise Verringerung des Luftzutritts zum Lichtbogen eine Verlängerung der Brenndauer, und B r e m e r führte (1899) die mit M e t a l l s a l z e n getränkte K o h l e in die Bogenlampentechnik ein. Mußte jener den nach der Seite der Brenndauer erzielten Fortschritt mit einer Verringerung der Lichtausbeute erkaufen, so gelang es diesem, durch die im Flammenbogen zur Verdampfung kommenden und dort mitleuchtenden Metallsalze die Lichtausbeute der neuen Lampenart (F l a m m e n b o g e n l a m p e) bei gleicher Leistung auf das 2½- bis 4fache der entsprechenden gewöhnlichen Bogenlampen zu steigern. (W e d d i n g, E.T.Z. 23, 702 u. 972, 1902; Z e i d l e r, ebd. 167, 1903.)

Konstruktiv unterschieden sich die ersten Flammenbogenlampen von den früheren Reinkohlelampen durch die s c h r ä g n e b e n e i n a n d e r a n g e o r d n e t e n E l e k t r o d e n, da es anfangs nicht gelang, die sog. Effektkohlen für übereinander stehende Brennlage herzustellen. Auch diese Aufgabe wurde indessen einige Jahre später durch B l o n d e l gelöst. (T.B.-Dochtkohle von Gebr. Siemens & Co.)

Die Arbeiten des nächsten Jahrzehnts standen naturgemäß unter dem Gesichtspunkt der technischen Durchbildung der beiden neuen Lampenarten, insbesondere der Flammenbogenlampe, die man sich bemühte, weiter zu vervollkommnen und betriebssicher zu gestalten. Auch versuchte man, durch Verbesserung der Güte der Kohlen, durch Verwendung besonders langer Elektroden und durch Anwendung mehrerer, zeitlich nacheinander abbrennender Kohlenpaare die Brenndauer der Lampen zu verlängern. Einen entscheidenden Schritt in dieser Richtung brachte das Jahr 1910, in dem es J a n d u s und C a r b o n e auf verschiedenen Wegen gelang, die Brenndauer der Effektbogenlampe durch Verminderung des Luftzutritts auf das 4- bis 6fache der Brenndauer der vorher gebräuchlichen Lampen entsprechender Type zu erhöhen, ohne dagegen eine wesentlich verminderte Lichtausbeute einzutauschen. (D a u e r b r a n d - F l a m m e n b o g e n l a m p e.)

Danach lenkte die Entwicklung der Bogenlampe wieder in ruhigere Bahnen. Es wurden die erzielten Fortschritte weiter ausgebaut, die Bogenlampenkohle dauernd vervollkommnet und die verschiedensten Sonderkonstruktionen, Magazinlampen u. dgl. durchgebildet.

Kurz vor dem Kriege (1914) schien es, als wenn eine Aufsehen erregende Beobachtung Lummers der Bogenlampe neue Wege weisen sollte. Er fand nämlich, daß sich die Temperatur des Lichtbogens durch Erhöhung des Druckes der ihn umgebenden Atmosphäre bis zur Temperatur der Sonne (etwa 6000° abs.) und darüber steigern läßt. Die daran geknüpften Hoffnungen auf eine technische Ausnutzungsmöglichkeit dieser Beobachtung, die zu einer Druckbogenlampe führen würde, sind bisher nicht in Erfüllung gegangen.

Dagegen ist es Beck gelungen, die spezifische Strombelastung der Kohle durch Verringerung der Wärmeableitung zu erhöhen und dabei wahrscheinlich gleichzeitig ein starkes Mitleuchten der der Kohle zugesetzten Metallsalze auszunutzen. Seine von der Firma Goerz fortgeführten Arbeiten haben ihren technischen Niederschlag in einer für die verschiedensten Zwecke geeigneten Scheinwerferlampe hoher Intensität und Reichweite gefunden.

Neben der Kohlebogenlampe sind, insbesondere seit Anfang dieses Jahrhunderts, auch andere Stoffe auf ihre Eignung für die Konstruktion von Bogenlampen geprüft worden. Praktische Bedeutung haben davon nur die Lampen mit Magnetit- und Titankarbid-Elektroden gewonnen (Steinmetz 1904), die in Amerika eine gewisse Verbreitung gefunden haben. Die neuerdings in der technischen Literatur mehrfach erwähnten Wolframbogenlampen, die sich in vielen Punkten von den herkömmlichen Bogenlampen prinzipiell unterscheiden, sind bisher kaum über das Versuchsstadium hinausgekommen.

Metalldampflampen. Eine besondere Klasse unter den Bogenlampen bilden die Metalldampflampen, deren hauptsächlichster Vertreter die Quecksilberdampflampe ist. Sie geht auf die wissenschaftlichen Versuche von L. Arons (1892 und 1896) zurück und hat ihre technische Durchbildung durch Cooper-Hewitt (1901) erfahren. Ihre Weiterentwicklung zur Hochdrucklampe hat sie Küch (1906) zu verdanken, der durch Einführung von Quarz als Röhrenmaterial den Druck und die Betriebstemperatur des Lichtbogens und damit die Wirtschaftlichkeit der Lampe erhöhte (Quarz-Quecksilberlampe).

Einen in einer Neon-Atmosphäre unterhaltenen Lichtbogen weisen die 1916 bekanntgewordenen Neon-Bogenlampen auf (Skaupy, Schröter). Sie bilden, physikalisch genommen, den Übergang zu dem viel früher technisch angewendeten Moore-Licht (1904), in dem eine Reihe verschiedener Gase unter dem Einfluß einer Glimmentladung zum Leuchten gebracht werden. Ihm verwandt sind die neuerdings bekannt gewordenen Glimmlampen (1918), in denen verdünnte Edelgase dem gleichen Zwecke dienen.

Fortschritte der Glühlampen bis zur Wolframlampe. Die parallel zur Ausbildung der Bogenlampe vor sich gehende Entwicklung der elektrischen Glühlampe verlief anfangs in sehr ruhigen Bahnen, indem

die ersten 20 Jahre der konstruktiven Durchbildung und Vervollkommnung der Kohlefadenglühlampe gewidmet waien. In dieser Zeit wurde
der spezifische Effektverbrauch, der anfangs 5 W/HK betrug, auf
3,5 W/HK erniedrigt und die Maximalspannung, für die die Lampen
herstellbar waren, von 130 Volt auf etwa 250 Volt erhöht. Fünf
Jahre später (1905) erfuhr die Kohlefadenlampe den vorläufigen Abschluß ihrer Entwicklung, indem es gelang (Howell und Whitney),
in der Lampe mit sog. metallisierten Kohlefäden einen spezifischen Effektverbrauch von 2 bis 2,5 W/HK zu erreichen.

Neben diesen der Kohlefadenlampe geltenden Arbeiten waren
aber seit Ende der neunziger Jahre Bestrebungen in zwei neuen Richtungen für die Weiterentwicklung der Glühlampe maßgebend geworden.
Sie betrafen die Lampe mit Metalloxyd-Glühkörper und die Metallfadenlampe, die beide in den ersten Jahren dieses Jahrhunderts das Versuchsstadium hinter sich ließen. Von der erstgenannten Lampenart kam
als bisher einzige Vertreterin die Nernstlampe (1900) in den Handel,
deren 1,5 bis 1,8 W/HK betragender spezifischer Verbrauch der Kohlefadenlampe gegenüber eine sehr erhebliche Verbesserung bedeutete. Von
den Metallfadenlampen wurde als erste die Osmiumlampe öffentlich
bekannt (1902), die aus den Arbeiten Auer v. Welsbachs hervorge-
gangen war und einen spezifischen Verbrauch von etwa 1,5 W/HK besaß.

Ehe diese ursprünglich nur für Spannungen bis etwa 70 Volt hergestellte Lampe im Zusammenwirken mit der Praxis ihre weitere Durchbildung erfahren konnte, trat ihr 1905 als überlegene Konkurrentin
die zur gleichen Klasse von Lampen gehörende Tantallampe an die
Seite, mit der gleichzeitig die erste sog. Drahtlampe in den Handel
kam. Sie verdankte ihre Entstehung den von W. v. Bolton durch-
geführten planmäßigen Arbeiten über die Eignung der verschiedensten
hochschmelzenden Metalle für Glühlampenzwecke, wurde von vornherein für Spannungen bis 110 Volt hergestellt und wies einen spezifischen Verbrauch von rd. 1,6 W/HK auf.

Das Erscheinen der Tantallampe war in mehreren Richtungen
von durchgreifender Bedeutung. Erstens wurden dadurch die Kohlefadenlampe und die Osmiumlampe zurückgedrängt, und zwar um so
mehr, als die Tantallampe bald auch für Spannungen bis 250 Volt einschließlich herstellbar wurde, zweitens lernte man zum ersten Male
die Vorteile des mechanisch festen, gezogenen Metalldrahtes für die
Verwendung als Leuchtkörpermaterial kennen, und drittens wurde durch
sie in grundlegender Weise die Aufgabe gelöst, die relativ großen
Fadenlängen des spezifisch schweren, in der Hitze weichen Metallfadens so in einer verhältnismäßig kleinen Glocke unterzubringen, daß
schädliche Lageveränderungen vermieden wurden. Die Tantallampe
wurde dadurch die erste für alle praktisch in Frage kommenden Netzspannungen brauchbare, in jeder Lage brennende Metalldrahtlampe.

Entwicklung der Wolframlampe. Die Fruchtbarkeit dieses Fort-
schrittes erhellt sofort, wenn man sieht, wie alle weiteren Arbeiten an
der Metallfadenlampe sich in diesem Punkte an die Tantallampe an-
lehnen, und wenn man berücksichtigt, daß auch die heutigen Drahtlampen die damals gefundene Lösung der gekennzeichneten Aufgabe
beibehalten haben. Bald nämlich, schon 1906, erwuchs der Tantallampe in der **Wolframlampe** eine wichtige Nebenbuhlerin, die ihr
hinsichtlich des spezifischen Verbrauchs (etwa 1,2 W/HK) überlegen
war, die aber fürs erste in bezug auf Stoßfestigkeit den Wettbewerb
nicht aufzunehmen vermochte.

Dieser anfängliche Mangel erklärte sich aus den erheblichen
Schwierigkeiten, die die Herstellung der wenige Hundertstel Millimeter
starken **Wolframfäden** in der ersten Zeit bot. Man war nämlich
nicht in der Lage, aus dem spröden Wolframmetall in ähnlicher Weise
wie aus Tantal unmittelbar Drähte zu ziehen, sondern mußte die Wolf-
ramteilchen auf andere mühsame Weise in Fadenform bringen. Zu
diesem Zwecke verfuhr man so, daß man das fein gepulverte Metall
durch Düsen preßte und dadurch zu Fäden formte, die man dann
weiter verarbeitete (sog. **gespritzte Fäden, Just und Hanamann,
Kužel**), oder man ging in der Weise vor, daß man aus Wolfram und
einer geringen Nickelmenge eine duktile Wolfram-Nickellegierung her-
stellte und diese durch Walzen und Ziehen zu Draht verarbeitete. Der
fertige Draht wurde auf das Lampengestell aufgebracht und das in
ihm enthaltene Hilfsmetall nachträglich durch Glühen im Vakuum
entfernt. (**Hilfsmetallverfahren**, Siemens u. Halske D.R.P. 233885,
232260.)

Gelang es auch im Laufe der Jahre, die angedeuteten Verfahren
für den Großbetrieb geeignet zu gestalten und gleichzeitig den spezifischen Verbrauch der Lampe auf etwa 1,0 W/HK zu erniedrigen
(**Einwattlampe**), so blieb doch das brennende Interesse an dem
gezogenen Wolframdraht bestehen, dem die weiteren Arbeiten
der Glühlampentechniker galten. Das Jahr 1910 brachte die Lösung
dieser wichtigen Aufgabe, indem es durch Sintern geeigneter Wolfram-
formkörper und andauernde mechanische Bearbeitung dieser zunächst
spröden Körper in der Hitze, vorzugsweise mit der aus Amerika ein-
geführten Hämmermaschine, gelang, biegsame Wolframdrähte hoher
Festigkeit in den für die Glühlampentechnik erforderlichen Abmessungen herzustellen. (**Coolidge**, General Electric Co. D.R.P. 269498.)

Fast mit einem Schlage änderte sich dadurch die Lage der Glüh-
lampenindustrie, indem die wichtigsten Großfirmen zur Herstellung
ihrer Lampen unter Benutzung gezogenen Wolframdrahtes übergingen.
Heute kann man damit rechnen, daß mehr als 95% des für die Leuchtkörper von Glühlampen verwendeten Wolframs auf dem angegebenen
Wege zu Draht verarbeitet werden. In kleinem Umfange hat sich

daneben die Herstellung gespritzter Fäden erhalten, die nach einem wissenschaftlich interessanten Verfahren durch chemische und thermische Beeinflussung biegsam zu machen gelang. (Duktile Fäden, Einkristalldraht; Schaller (F. Schröter, E.T.Z. 38, 516, 1917), J. Pintsch A.-G.).

Mit der Einführung des gezogenen Wolframdrahtes waren die das Leuchtkörpermaterial betreffenden Bestrebungen zu einem gewissen Abschlusse gekommen, und es setzten die weiteren Arbeiten ein, neben dem Ausbau der Lampentypen und der Anpassung der Lampen an die verschiedensten Bedürfnisse ihre Wirtschaftlichkeit zu steigern. Der erste Fortschritt in dieser Richtung war die Einführung chemischer Präparate in die Lampenglocke (Skaupy, D.R.P. 246820), durch die fabrikationsmäßig bei den hochkerzigen Lampen von 200 HK aufwärts der spezifische Verbrauch von etwa 1,0 auf 0,8 W/HK erniedrigt wurde, während bei den Lampen niedrigerer Lichtstärken das gleiche Mittel versuchsweise Anwendung fand.

Entwicklung der Gasfüllungslampe. Ehe aber die Arbeiten auf diesem Gebiete zu einem Abschluß kamen, gelang es 1913 in der sog. Halbwattlampe einen neuen grundlegenden Fortschritt zu erzielen, der sich aus den wissenschaftlichen Forschungen J. Langmuirs ergab. Das grundlegend Verschiedene dieser neuen Lampenart liegt in der Verwendung einer die Wärme schlecht leitenden, relativ zum Wolfram indifferenten Gasfüllung, die bei den dickdrähtigen (hochkerzigen) Lampen aus Stickstoff, bei den dünndrähtigen (niedrigkerzigen) Lampen aus Argon besteht. Gleichzeitig sind die Wolframleuchtdrähte dieser Lampe zu einer Leuchtspirale aufgewickelt. Der spezifische Verbrauch der Lampen beträgt bei den hochkerzigen Lampen 0,6 W/HK$_\ominus$ und nimmt mit abnehmender Drahtdicke bis zu Werten zu, die dem spezifischen Verbrauch der normalen Drahtlampen sehr nahe kommen. Wegen dieser Veränderlichkeit des spezifischen Verbrauchs mit der Lampentype hat man für die Lampen auch statt des anfänglich gewählten Namens die allgemeinere Bezeichnung Gasfüllungslampen eingeführt.

Die Fruchtbarkeit des neuen Prinzips kommt darin zum Ausdruck, daß sich die Gasfüllungslampen seit ihrem Erscheinen im Jahre 1913 von der 1000- bis 3000kerzigen Starklichtquelle bis zur 25 W/110 Volt- und 60 W/220 Volt - Kleinbeleuchtungslampe entwickelt haben. Sie haben damit den Rahmen weit überschritten, den die Glühlampen ursprünglich ausfüllten, und sind so zu einer sehr merklichen Konkurrenz der Bogenlampe geworden. Bereits vor dem Kriege hatte dieser Wettbewerb zu einer starken Zurückdrängung der letztgenannten Lampenart geführt, der im Kriege ein fast vollständiges Eingehen der Bogenlampe folgte. Ob die weitere Entwicklung auf dem bisherigen Wege fortschreiten oder der Bogenlampe zu neuem Leben verhelfen wird, ist eine Frage, die sich angesichts der bei beiden Lampenarten weitergeführten Vervollkommnungsversuche zur Zeit noch nicht beantworten läßt.

§ 2. Beschreibung der verschiedenen Lampenarten.
A. Die Bogenlampe.

Die Zündung des Lichtbogens. Allen Bogenlampen gemeinsam ist die Grundtatsache, daß in ihnen eine Lichtbogenentladung für die Lichterzeugung nutzbar gemacht ist, die dauernd zwischen zwei aus Kohle oder Metall bestehenden Elektroden unterhalten wird. Die Zündung des Bogens geschieht meistens so, daß die beiden Elektroden einander bis zur Berührung genähert und dann auf einen gewünschten Abstand auseinandergezogen werden. Ein Regelwerk sorgt dafür, daß dieser Abstand dauernd eingehalten wird und schiebt zu dem Zwecke die Elektroden während des Brennens ihrem Abbrande entsprechend nach.

Das Regelwerk. Ist dieses Regelwerk, das einen Elektromagneten als wesentlichen Bestandteil enthält, mit dem Lichtbogen in Serie geschaltet, so spricht man von einer Hauptstromlampe, liegt die Magnetspule zum Lichtbogen parallel, so haben wir es mit einer Nebenschlußlampe zu tun, und finden zwei Spulen Verwendung, von denen die eine von dem durch den Lichtbogen fließenden Strom, die andere von der an ihm liegenden Spannung beeinflußt wird, so liegt die Ausführungsform der Differentialbogenlampe vor. Die meist verbreitete Lampenart ist die letztgenannte, da das Differentialprinzip infolge gleichzeitiger Regulierung von Strom und Spannung und dadurch erfolgender Einstellung auf konstanten Lichtbogenwiderstand bei jeder Form des Betriebes, Serien- wie Parallelschaltung, eine gute Regulierung ergibt. Die Hauptstromschaltung findet fast nur bei Dauerbrand-Reinkohlelampen und Magnetit-Bogenlampen Verwendung; Nebenschlußlampen sind für nur wenige Sonderfälle in Benutzung.

Die besonderen Eigenschaften der Regelwerke bringen es mit sich, daß nicht jede Bogenlampe ohne weiteres für Gleich- und Wechselstrom verwendbar ist. Vielmehr müssen die Lampen von vornherein für die gewünschte Stromart eingerichtet sein, da man die Regulierung der Gleichstromlampe mit Magnetspulen, die der Wechselstromlampen wegen der mit solchen Spulen bei Wechselstrom sich ergebenden Schwierigkeiten mit einem einfachen, durch Elektromagnete betriebenen Motorwerk vornimmt. Auf die Spulen dieses Motors wird das Differentialprinzip entsprechend angewendet.

Neben den Konstruktionen mit Regelwerk gibt es solche, die darauf verzichten, und die sich statt dessen, besonders bei Lampen mit nebeneinanderstehenden Kohlen, einer selbsttätigen Nachschubvorrichtung bedienen. Zu diesem Zwecke werden eine oder beide Kohlen mit einer Stützrippe versehen, die langsam abbrennt oder abschmilzt und dadurch den Nachschub bewirkt.

Die Abmessungen der Elektroden. Die Unterscheidung der Lampen in Lampen für Gleichstrom und solche für Wechselstrom ist auch deshalb notwendig, weil bei Gleichstrom die positive Elektrode stärker abbrennt. Sie wird deshalb sowohl als Rein- wie als Effektkohle stärker als die negative Elektrode bemessen. Bei Wechselstrom fällt dieser Unterschied fort, so daß beide Elektroden gewöhnlich gleich stark sind.

Der Vorschaltwiderstand und die Vorschaltdrosselspule. Zur Verhütung zu hoher Stromstärken beim Einschalten sowie zur Beruhigung auftretender Spannungsschwankungen werden die Bogenlampen mit einem Vorschaltwiderstand in Reihe geschaltet, mit dem sie zugleich auf die für sie günstigste Stromstärke eingestellt werden. In Wechselstromanlagen finden statt der Beruhigungswiderstände mit Vorteil Drosselspulen Anwendung, die bei gleicher Wirksamkeit wie die Vorschaltwiderstände selber weniger Energie verzehren. Außerdem geben sie bei einigen Arten von Wechselstrom-Bogenlampen günstigere Lichtausbeuten als die entsprechenden mit Vorschaltwiderständen zusammengeschalteten Lampen.

Die äußere Schaltung der Bogenlampen. Was die äußere Schaltung der Bogenlampen betrifft, so können sie wegen der niedrigen Spannung des Lichtbogens, ohne unwirtschaftlich zu werden, gewöhnlich nicht in Einzelschaltung bei den üblichen Netzspannungen Verwendung finden. Sie werden deshalb zu mehreren in Reihenschaltung angeschlossen, ursprünglich meist 2 an 110 und 4 an 220 Volt, späterhin auch 3 an 110 und 5 oder 6 an 220 Volt. Oft ist es dabei üblich, die Schaltung so zu wählen, daß im Falle des Ausfalls einer Lampe an ihre Stelle selbsttätig ein Ersatzwiderstand tritt, so daß die übrigen in der gleichen Reihe liegenden Lampen weiter brennen. Bei Wechselstrom kann man u. U. auf dieses Hilfsmittel verzichten, wenn man die Netzspannung durch Transformatoren erniedrigt, an die man nur wenige oder eine einzelne Lampe anschließt.

Die Stellung der Elektroden. Die Kohle-Elektroden werden je nach der vorliegenden Stromart und der gewünschten Lichtverteilung verschieden angeordnet. Da in den meisten Fällen hauptsächlich auf starke Lichtabgabe nach unten Wert gelegt wird, pflegt man bei übereinanderstehenden Kohlen die bei Gleichstrombetrieb stärker glühende positive Elektrode oben anzuordnen. Dagegen wird bei Bogenlampen für vollkommen indirektes Licht oft auch die umgekehrte Stellung gewählt. Bei Wechselstrombetrieb wird man zweckmäßig die obere Elektrode mit einem Reflektor versehen, um das von der unteren Kohle herrührende Licht nach unten zu werfen.

Bogenlampen mit n e b e n e i n a n d e r s t e h e n d e n Kohlen senden von vornherein den größten Teil ihres Lichtes in den unteren Halbraum. Trotzdem wird auch hier der den Abbrand verringernde S p a r e r , ein flach ausgehöhlter Körper aus hochschmelzenden Materialien, Magnesia, Schamotte u. dgl., eine Verbesserung der Lichtausbeute für die untere Hemisphäre bewirken.

Die Lichtausbeute der Bogenlampen. Die L i c h t a u s b e u t e der Bogenlampen ist bei Wechselstrom geringer als bei Gleichstrom. Der Unterschied tritt besonders stark bei den Reinkohlelampen in die Erscheinung, während er sich bei den Flammenbogenlampen nicht so stark äußert. Für die an Wechselstrom angeschlossenen Flammenbogenlampen ergeben sich, wie bereits erwähnt, bei Verwendung einer Drosselspule günstigere Lichtausbeuten als bei Benutzung eines Vorschaltwiderstandes.

Die M e s s u n g e n d e r L i c h t s t ä r k e von Bogenlampen werden nach den Vorschriften des V.D.E. auf die untere hemisphärische Lichtstärke mit Klarglasglocke bezogen. Der Energieverbrauch des Vorschaltwiderstandes ist bei den Angaben mit zu berücksichtigen und in den Wert des p r a k t i s c h e n s p e z i f i s c h e n E f f e k t v e r b r a u c h e s mit einzuschließen.

Die Lichtverteilung. Die L i c h t v e r t e i l u n g der Bogenlampen ist außer von der Stellung der Elektroden von anderen Einflüssen, wie

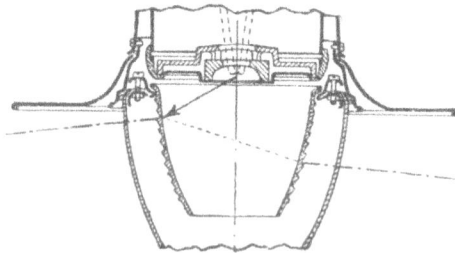

Abb. 1. Wirkungsweise der dioptrischen Prismen-Innengläser
bei Bogenlampen mit nebeneinanderstehenden Kohlen.

z. B. dem bereits erwähnten Sparer, abhängig. Auch spielt der bei Flammenbogenlampen mit nebeneinander stehenden Kohlen angewendete, den Lichtbogen nach unten drängende Blasmagnet in dieser Beziehung eine wichtige Rolle. Endlich beeinflussen die benutzten Überglocken die Lichtausbeute und die Lichtverteilung. Bei großer Aufhängehöhe bestehen gegen die Verwendung von Klarglasglocken keine Bedenken; sie bewirken einen Lichtverlust von 5 bis 10%, der, wie angegeben, im praktischen spezifischen Effektverbrauch bereits berücksichtigt ist. Bei geringeren Aufhängehöhen kommt die Benutzung von Opalüberfangglocken in Frage, die eine gute Zerstreuung

des Lichts und einen Lichtverlust von 15 bis 20% des vom Bogen ausgehenden Lichtes bewirken. Bei nebeneinander stehenden Kohlen
sind für Außenbeleuchtung mit großen Lampenabständen die sog. dioptrischen Innengläser (Abb. 1) von Vorteil, die eine starke Breit-
streuung des Lichtes bewirken. Die Hauptarten der bei Bogenlampen
möglichen Lichtverteilungen veranschaulicht Abb. 2.

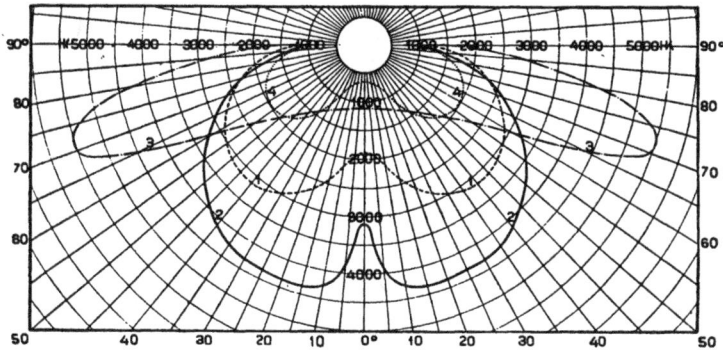

Abb. 2. Lichtverteilungskurven verschiedener Gleichstrombogenlampen.
1) Offene Lampe mit übereinanderstehenden Effektkohlen
2)   »   »   »   nebeneinanderstehenden   »   ohne Prismen-Innenglas
3)   »   »   »   »   »   »   mit   »
4) Geschlossene Lampe mit übereinanderstehenden Effektkohlen.
Sämtliche Messungen an Lampen für 550 Watt, 10 Amp., in Zweischaltung bei 110 Volt,
1) und 4) mit weißen, 2) und 3) mit gelben Effektkohlen.

Die Einteilung der Kohlebogenlampen. Nach den angegebenen
Gesichtspunkten ist es möglich, die Kohlebogenlampen in Anlehnung
an die Vorschläge des V.D.E. in offene oder geschlossene Bogenlampen mit neben- oder übereinanderstehenden Rein-
oder Effektkohlen für Gleich- oder Wechselstrom zu
unterteilen.

I. Bogenlampen mit Reinkohlen.
1. Offene Bogenlampen mit Reinkohlen.

a) Lampen mit übereinander stehenden Kohlen. Die offenen Rein-
kohlebogenlampen mit übereinander stehenden Reinkohlen (Abb. 3)
verkörpern die älteste Ausführungsform der Bogenlampe; sie sind in
ihrer Wirtschaftlichkeit von den neueren Lampen weit überholt und
durch diese fast völlig verdrängt. Ihre obere positive Elektrode besteht bei Gleichstrom aus einer Dochtreinkohle, während für die
untere negative Elektrode eine schwächere Homogenkohle Verwendung findet. Bei Wechselstrom werden zwei gleich starke Docht-
kohlen benutzt. Der in den Kohlen befindliche Docht dient nur als
feste Lichtbogenbasis und wirkt daher beruhigend auf das Brennen
der Lampe.

Die Spannung am Lichtbogen beträgt je nach der Art der Lampen bei Gleichstrom 40 bis 43 bzw. 35 bis 37 Volt, bei Wechselstrom 27 bis 33 Volt, so daß bei 110 und 220 Volt Zwei- oder Vier- bzw. Drei- oder Sechsschaltung in Reihe möglich ist. In den beiden letzten Fällen kommt der Vorschaltwiderstand in Fortfall. Für Anlagen, in denen bei 110 Volt nur eine einzige Bogenlampe in Betracht kam, hat man sog. Doppelbogenlampen konstruiert. In ihnen brannten in einer Armatur zwei in Serie geschaltete Lichtbögen, deren Kohlenpaare unabhängig voneinander reguliert wurden.

Die Staffelung der Typen geschieht wie bei allen Bogenlampen nach der Stromstärke; es kamen Lampen von 6 bis 25 Amp. in den Handel. Der praktische spezifische Effektverbrauch nimmt mit zunehmender Stromstärke ab und beläuft sich bei den Gleichstromlampen auf 1,0 bis 0,6 W/HK$_o$, bei den Wechselstromlampen auf 2,0 bis 1,0 W/HK$_o$. Dem entsprechen Lichtstärken von 350 bis 1300 bzw. 100 bis 1200 HK$_o$ bzw. sphärische Lichtstärken, die 55 bis 60 % dieser Werte betragen.

Die Brenndauer der Lampen hängt von der Länge der Bogenlampenbrennstifte ab und beträgt 10 bis 18 Stunden.

b) Lampen mit nebeneinanderstehenden Reinkohlen. Diese Lampenart, die früher gelegentlich für Schaufensterbeleuchtung in Frage kam, findet sich heute nur noch in der Tageslichtbogenlampe, einer in Tuchfabriken usw. zur genauen Unterscheidung farbiger Stoffe benutzten Lampenart. Ihre Eignung für diesen Zweck ergibt sich aus der hohen Temperatur der Kohlen (ca. 3900° C),

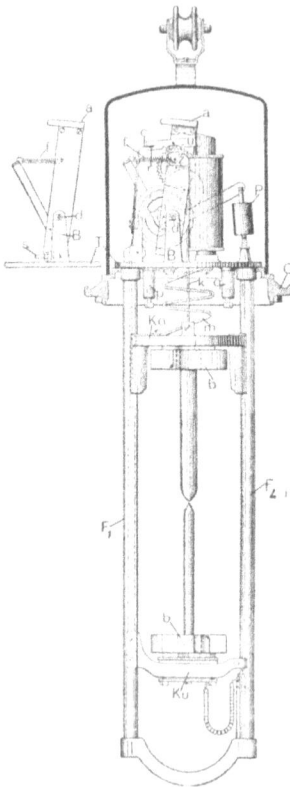

Abb. 3.
Innenaufbau einer offenen Gleichstrom-Bogenlampe mit übereinanderstehenden Reinkohlen.

die ein blauweißes, dem Tageslicht in der Lichtfarbe nahe kommendes Licht liefern. Durch ein aus verschiedenfarbigen Gläsern zusammengesetztes Lichtfilter wird die Annäherung an das Tageslicht bis zur fast völligen Gleichheit verstärkt.

Die Lampen haben eine wesentlich höhere Lichtbogenspannung als die vorher genannte Bogenlampenart (85 bis 90 Volt), so daß sie für Gleichstrom von 110 Volt in Einzelschaltung, von 220 Volt in Zweischaltung in Reihe benutzt werden. Bei Wechselstrom ist auch für 110 Volt Zweischaltung möglich.

Die Lampen wurden für Stromstärken von 8 bis 12 Amp. hergestellt und hatten einen spezifischen Effektverbrauch von 1,0 W/HK$_c$
bei Gleichstrom, von 1,5 bis 1,3 W/HK$_c$
bei Wechselstrom. Ihre Brenndauer betrug
8 bis 20 Stunden.

**2. Geschlossene Bogenlampen mit
Reinkohlen.**

**a) Lampen mit übereinanderstehenden
Reinkohlen.** In den geschlossenen Bogenlampen mit übereinanderstehenden Reinkohlen, die überhaupt die eigentliche Ausführungsform dieser Lampen darstellen, ist
zwecks Verlängerung der Brenndauer, d. h.
zwecks Verringerung der Kosten für Bedie-
nung und Kohlenersatz, der Abbrand durch
Verringerung des Luftzutritts stark ver-
kleinert. Je nach dem Grade der Unter-
bindung der Luftzufuhr unterscheidet man
zwei Formen von Lampen, die sog. Dauerbrandlampe (Innenanordnung siehe Abb. 4),
bei der durch sehr starken Luftabschluß
eine Brenndauer von 100 bis 200 Stunden
erzielt wird, und die Sparbogenlampe,
die stärkere Luftzirkulation besitzt, mit
erheblich dünneren Kohlestiften versehen
ist und eine Brenndauer von 20 bis 30 Stunden aufweist.

Die Dauerbrandlampe. Die Dauerbrandlampen haben einen ziemlich un-
ruhig brennenden Bogen, der sehr stark
mitleuchtet und dem Licht eine für viele
Zwecke störende violette Färbung gibt. Die
Verwendungsmöglichkeit der Lampen für
Zwecke der Allgemeinbeleuchtung ist dadurch eingeschränkt, während sie auf der
anderen Seite infolge der starken photo-
chemischen Wirkungen der kurzwelligen
Strahlung für Lichtpaus- und photographische Zwecke auch jetzt noch in sehr
erheblichem Umfange benutzt werden.

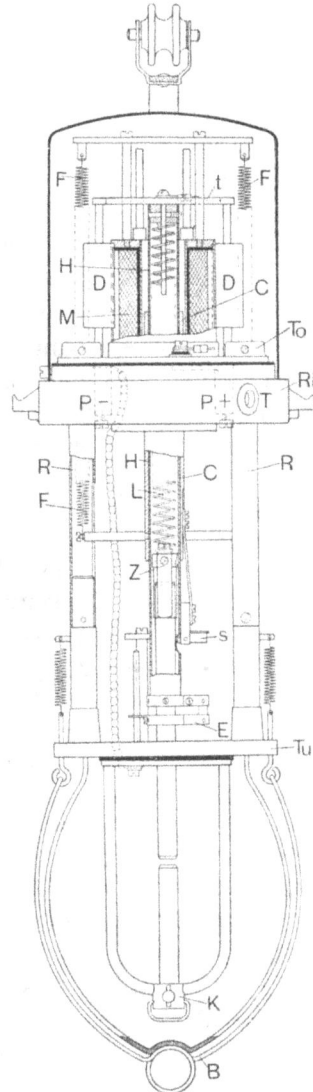

Abb. 4.
Innenaufbau einer Gleichstrom-
bogenlampe mit eingeschlossenem
Lichtbogen und übereinanderstehenden Reinkohlen.

Die Spannung am Bogen ist bei den ge-
schlossenen Lampen durchweg höher als bei den offen brennenden (70
bis 80 V), so daß sie für 110 V nur in Einzelschaltung in Frage

kommen. Bei 220 V werden sie für Gleichstrom in Zweischaltung, für
Wechselstrom in Zwei- oder Dreischaltung hergestellt. Insbesondere
bei den für photochemische Zwecke bestimmten Lampen geht man
mit der Spannung möglichst hoch (bei Gleichstrom in Einzelschaltung
bis zu 160 V), um durch große Bogenlängen ein an kurzwelligen
Strahlen möglichst reichhaltiges Licht zu erzielen. Die Dauerbrandlampen werden als Hauptstrom- und als Differentiallampen ausgeführt.

Die Lampen werden für Stromstärken zwischen 6 und 15 Amp.
angefertigt und haben bei Gleichstrom einen spezifischen Effektverbrauch von 0,9 bis 1,8, bei Wechselstrom von 2,0 bis 2,8 W/HK$_u$.

Die Brenndauer beträgt, wie angegeben, 100 bis 200, im Mittel
150 Stunden und ist um so größer, je seltener infolge Ausschaltens der
Lampen Frischluft in diese eindringt.

Die Sparbogenlampe. Die Sparbogenlampen sind in ihrem
konstruktiven Aufbau einfacher als die Dauerbrandlampen, da die
gegenüber den offenen Lampen nur etwas eingeschränkte Luftzirkulation keine so weitgehende Abdichtung der Glocken notwendig macht.
Auch in ihrer Lichtfarbe kommen sie den offenen Reinkohlenbogen-
lampen näher; sie haben einen spezifischen Effektverbrauch, der gegen
diese nur um etwa 10 bis 15% ungünstiger ist. Die sehr dünnen, leicht
auswechselbaren Brennstifte der Lampen ergeben einen den anderen
Bogenlampenarten gegenüber geringeren Elektrodenverbrauch, worauf
der Name der Lampe zurückzuführen ist.

Die Sparbogenlampen wurden für Stromstärken von 3 bis 8 Amp.
und Lichtstärken von 300 bis 1600 HK$_u$ hergestellt. In Lampenspannung und Schaltung entsprachen sie den Dauerbrandlampen. Für
Wechselstrombetrieb erwiesen sie sich als weniger geeignet.

Von einigen Firmen wurden sog. Miniatur- oder Liliput-
Bogenlampen für Stromstärken von 1,5 bis 3 Amp. hergestellt, die
ebenfalls zu den Sparbogenlampen zu zählen sind. Sie hatten Lichtstärken von 100 bis 300 Kerzen und einen ungünstigeren Nutzeffekt,
sind aber sehr früh durch die hochkerzigen Nernst- und Metallfadenlampen verdrängt worden.

b) Geschlossene Lampen mit nebeneinander stehenden Reinkohlen.
Lampen dieser Art in der Ausführungsform als Sparbogenlampe waren
für Wechselstrom bei Stromstärken von 8 bis 12 Amp. und Lichtstärken von 600 bis 1100 HK$_u$ im Handel. Sie haben keine nennens-
werte Verbreitung gefunden, da sie gegenüber den Sparbogenlampen
der vorher genannten Art keine merklichen Vorteile besaßen.

II. Bogenlampen mit Effektkohlen.

Die Lichtfarbe der Flammenbogenlampen. Während bei den Rein-
kohlebogenlampen der Lichtbogen selbst an der Lichtabgabe nicht

beteiligt ist, spielen bei den Flammenbogenlampen die im Lichtbogen zur Verdampfung kommenden und in ihm stark leuchtenden Metallsalze der Effektkohlen für die Lichtausbeute und die Lichtfarbe eine wichtige Rolle. Sie geben dem Lichtbogen die charakteristische Färbung, die bei weißer Lichtfarbe von Bariumsalzen und Salzen der seltenen Erden, bei gelber Lichtfarbe von Kalziumsalzen und bei roter Lichtfarbe von Strontiumsalzen herrührt. Die rote Lichtfarbe kommt nur für Sonderzwecke in Betracht.

1. Offene Bogenlampen mit Effektkohlen.

a) Offene Flammenbogenlampen mit übereinander stehenden Kohlen. In den offenen Flammenbogenlampen mit übereinander stehenden Effektkohlen, deren Innenaufbau durch Abb. 5 veranschaulicht wird, kommen hauptsächlich die sog. T.B.-Dochtkohlen zur Verwendung, die einen starken, zum größten Teil aus Metallsalzen bestehenden Kern und einen dünnen Mantel aus Reinkohle besitzen. Es werden in erster Linie Kohlen für weißes Licht verwendet.

Bei 110 V Netzspannung kommt Drei- und Zweischaltung, bei 220 V Vier- und Sechsschaltung in Frage, wobei die Lampenspannungen bei Gleichstrom im Mittel 30 bzw. 40 V, bei Wechselstrom 28 bzw. 40 V betragen.

Die normale Typenreihe umfaßt Lampen für Stromstärken von 8 bis 15 Amp. mit Lichtstärken von 1200 bis 3900 HK_u bei Gleichstrom, 800 bis 3000 HK_u bei Wechselstrom. Der spezifische Effektverbrauch beträgt bei Zweischaltung für Gleichstrom 0,25 bis 0,20 W/HK_u, für Wechselstrom im entsprechenden Falle bei Benutzung eines Vorschaltwiderstandes 0,35 bis 0,25, unter Verwendung einer Drosselspule 0,22 bis 0,18 W/HK_u.

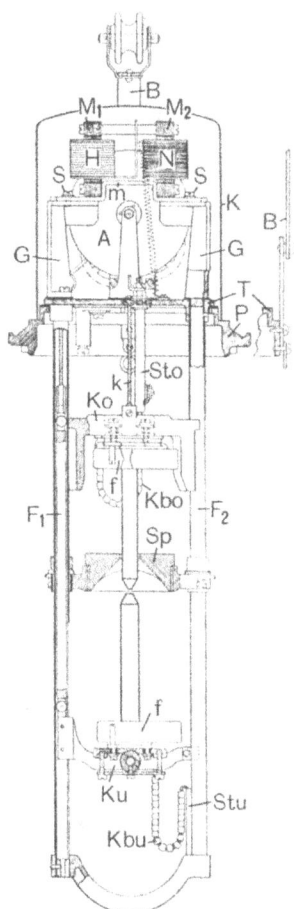

Abb. 5.
Innenaufbau einer Wechselstrombogenlampe mit offenem Lichtbogen und übereinanderstehenden Effektkohlen.

Die Brenndauer der Kohlen beträgt 10 bis 22 Stunden, entsprechend den bei Reinkohlenlampen erreichbaren Brennzeiten. Durch die Zusammensetzung der Kohlen ist für eine möglichst geringe Entwicklung von störenden Gasen und Dämpfen gesorgt.

Zur Verringerung der Bedienungskosten hat man die Lampen dieser Art auch als Doppelbogenlampen durchgebildet. Sie enthalten zwei elektrisch parallelgeschaltete Kohlenpaare, die entweder nacheinander oder wechselweise abbrennen.

b) Offene Flammenbogenlampen mit nebeneinander stehenden Kohlen. Die Lampen dieser Art, auch Intensiv-Flammenbogenlampen genannt, die ein sehr ruhiges Licht liefern, wurden vor den vorher beschriebenen Lampen mit übereinander stehenden Kohlen durchgebildet und haben wesentlich schwächere Brennstifte als diese. Zur Erzielung hinreichender Brenndauern sind deshalb sehr lange Elektroden (etwa 0,5 m) erforderlich, deren elektrischen Widerstand man sehr häufig durch Einlegen eines dünnen Zinkdrahtes oder auch durch galvanische Verkupferung auf der Außenseite verringert.

Da die Spannung am Lichtbogen bei den Intensivlampen höher als bei der vorher genannten Lampenart ist (44 bis 47 V), so kommt nur Zweischaltung bei 110 V, Vierschaltung bei 220 V in Frage. Sie werden für Stromstärken von 6 bis 15 Amp. hergestellt und entsprechen, allerdings auf gelbes Licht bezogen, in Lichtausbeute und spezifischem Effektverbrauch etwa den Flammenbogenlampen mit übereinander stehenden Kohlen, während die mit weißem Licht erreichbaren Zahlen etwa um 20 bis 25% ungünstiger sind.

Die von der Kohlenlänge abhängige Brenndauer beträgt etwa 10 bis 18 Stunden. Die festen Produkte der Verbrennung sind beim Auswechseln der Brennstifte jedesmal gründlich zu entfernen.

Von Sonderkonstruktionen der Intensivlampen sind noch die laufwerklosen Lampen zu erwähnen, bei denen der Nachschub der Elektroden durch Abbrennen einer Abbrennrippe o. dgl. selbsttätig geregelt wird, und bei denen sehr oft Eisenwiderstände (Variatoren) zur Konstanthaltung der Stromstärke bei auftretenden Spannungsschwankungen Verwendung finden. Genannt seien auch die Magazinlampen, in denen 2 bis 8 Kohlenpaare nacheinander automatisch zum Abbrand kommen; sie sind hauptsächlich in England verwendet worden.

2. Geschlossene Bogenlampen mit Effektkohlen.

Die konstruktive Schwierigkeit bei der Durchbildung der geschlossenen Flammenbogenlampen lag darin, daß die Effektkohlen einen merklichen Anteil an festen Verbrennungsprodukten liefern, und daß diese sich in der geschlossenen Lampe absetzenden festen Rückstände normalerweise nach kurzer Zeit die Lichtausstrahlung des Lichtbogens behindern. Es galt daher Konstruktionsbedingungen ausfindig zu machen, unter denen die Glocke bei Dauerbetrieb in der Nähe des Lichtbogens beschlagfrei blieb.

Die in dieser Richtung unternommenen Arbeiten führten dazu, die Verbrennungsgase mit Hilfe geeignet angeordneter Leitflächen in eigens dafür vorgesehene Niederschlagräume zu überführen und sich dort die Ablagerung der festen Rückstände vollziehen zu lassen. Dabei wurde es als für die Größe der beschlagfreien Glockenzone wesentlich erkannt, daß eine möglichst große Temperaturdifferenz zwischen dem vom Lichtbogen bestrahlten Glockenteile und den Wandungen der Kondensationsräume herrscht, daß an den Übergangsstellen von der beschlagfreien Zone zu den Niederschlagräumen ein möglichst erheblicher Temperatursprung eintritt, daß die vom Beschlag freie Glockenzone möglichst hoch und gleichmäßig erhitzt wird, und daß Querschnitt und Volumen der Nieder-

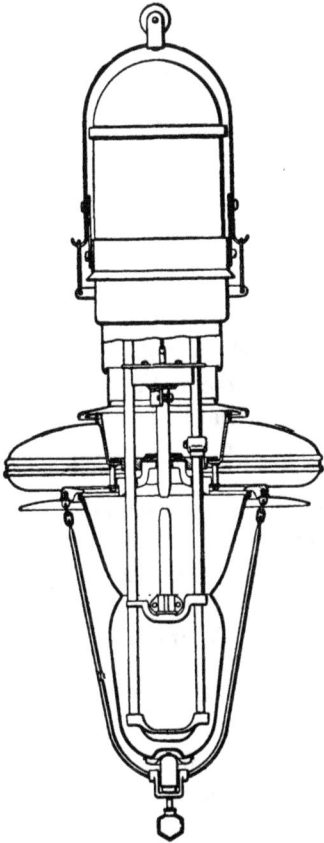

Abb. 6.
Innenaufbau einer Dauerbrand-
Flammenbogenlampe (Flammeco-
Lampe der A. E. G.).

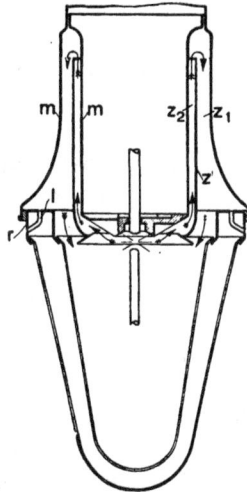

Abb. 7.
Führung der Verbrennungs-
gase bei den Dauerbrand-
Flammenbogenlampen der
S. S. W.

schlagsräume die gleichen Größen für die beschlagfreie Zone möglichst übertreffen. (Hechler, E.T.Z. 31,963, 1910.)

Die praktische Verwirklichung dieser Überlegungen verdeutlicht die Abb. 6, in der ein Schnitt durch die Flammecolampe der A.E.G. wiedergegeben ist. Aus ihr wird die besondere Form der durch Federdruck möglichst luftdicht an das Gehäuse angepreßten Glocke ersichtlich, die einen oberen, beschlagfrei bleibenden kegelförmigen Teil besitzt und einen unteren zylindrischen Behälter zur Ansammlung der nach jeder Brennperiode zu entfernenden, Rückstände aufweist. Die dampfförmig entweichenden, kondensierbaren Verbrennungsprodukte werden in einem oberhalb der Glocke angeordneten, wulstförmigen Niederschlagsraum abgeschieden.

Eine andere Ausführungsform der Dauerbrand-Flammenbogen-lampen ist in Abb. 7 im Schnitt dargestellt. Bei dieser von den Sie-mens-Schuckertwerken hergestellten Lampe sind zwei anders-artig geformte Glocken vorgesehen. Die Führung der Verbrennungs-gase ist durch die eingezeichneten Pfeile verdeutlicht. Die festen Ver-brennungsrückstände setzen sich in den oberhalb des Lichtbogens an-geordneten Niederschlagskammern und im unteren Drittel der Innen-glocke ab. Die Außenglocke soll die Innenglocke vor Abkühlung und vor dem Einflusse von Wind und Regen schützen.

Die Hauptvertreter dieser Lampenart sind neben der bereits er-wähnten Flammecolampe der A. E. G. und der Lampe der Siemens-Schuckertwerke die Dialampe der Körting & Mathiesen A.-G. Sämtliche Lampen haben übereinanderstehende Effektkohlen, und zwar Homogeneffektkohlen, die sich von den in den offenen Flammenbogen-lampen verwendeten durch Fortfall des Reinkohlemantels unterscheiden. Geschlossene Flammenbogenlampen mit nebeneinanderstehenden Kohlen sind bisher nicht bekannt geworden.

Die Lichtbogenspannung der Dauerbrand-Effektbogenlampen be-trägt 40 bis 42 V, so daß sie für Zweischaltung an 110 V und für Vierschaltung an 220 V in Frage kommen. Bei Wechselstrom lassen sich auch höhere Spannungen (bis zu 60 Volt) erreichen, so daß hier Einzelschaltung bei 120 V, Zweischaltung bei 180 V und Dreischaltung bei 220 Volt möglich ist.

Die Lampen kommen für Stromstärken von 8 bis 15 Amp. und Lichtstärken von 900 bis 3300 HK_v in den Handel. Der spezifische Effektverbrauch beträgt bei Gleichstrom 0,3 bis 0,25 W/HK_v, bei Wechselstrom 0,35 bis 0,30 W/HK_v. Neuerdings ist es gelungen, diese Zahlen für Gleichstrom auf 0,25 bis 0,15 W/HK_v, für Wechsel-strom auf 0,35 bis 0,25 W/HK_v zu verbessern.

Die Brenndauer eines Kohlepaares beträgt 80 bis 120 Stunden. Nach jeder Brennperiode ist eine sorgfältige Entfernung der Rück-stände und eine Reinigung des Lampeninnern vorzunehmen. —

Außer der letztgenannten Lampenart sind von den verschiedenen beschriebenen Bogenlampentypen augenblicklich nur noch die offenen Bogenlampen mit über- und nebeneinander stehenden Effektkohlen, sowie für Sonderzwecke die Reinkohlen-Dauerbrandlampe in Verwen-dung. Dies ist teilweise eine natürliche Folge des Wettbewerbes der gasgefüllten Metalldrahtlampe, kann aber zum Teil auch auf die durch den Weltkrieg bedingten Verhältnisse (Materialknappheit, Personalmangel und Verteuerung der Bedienungskosten) zurückgeführt werden. Welche Bogenlampenformen für die Zukunft wettbewerbsfähig sind, wird sich erst zeigen, wenn auch die sprunghaften Änderungen der Kriegsfolgezeit überwunden sind.

3. Die neuere Entwicklung der Bogenlampen mit Effektkohlen.

a) Lummers Druckbogenlampe. Die wichtigsten Ergebnisse der von Lummer über das Verhalten des Lichtbogens unter Druck angestellten Versuche sind bereits in dem geschichtlichen Überblick (S. 4) erwähnt. Eine technische Ausnutzung seiner Beobachtungen liegt bisher nicht vor, obwohl naturgemäß ein in der Nähe der Sonnentemperatur arbeitender Lichtbogen sowohl hinsichtlich der Lichtfarbe wie der Lichtausbeute besonders aussichtsreich erscheint. Erwähnt sei noch, daß die von ihm im positiven Krater unter Verwendung besonders hergestellter, mit Metallsalzen getränkter Kohlen gemessenen größten Flächenhelligkeiten bei 7600° abs. und 22 Atm. Druck nach Berechnung von Gehlhoff und Schering 284000 HK/cm² betragen.

b) Die Beck-Goerz-Scheinwerferlampe. Auch diese neuerdings (1919) bekannt gewordene Lampe verwendet Effektkohlen besonderer Art und nutzt das Leuchten der darin enthaltenen, zur Verdampfung kommenden Metallsalze für die Lichtabgabe mit aus. Die Lampe zeigt einen großen Reichtum an blauen Strahlen, gibt eine dem Tageslicht sehr ähnliche Lichtfarbe und weist scheinbare Kraterhelligkeiten von 120000 HK/cm² auf.

III. Bogenlampen mit Elektroden aus Metallen oder Metallverbindungen.

1. Die Magnetit-Bogenlampe.

Bei den Magnetitlampen, die nur für Gleichstrom geeignet sind, besteht die untere, negative Elektrode aus einem dünnwandigen Eisenrohr, das mit einer Mischung von Metalloxyden, in erster Linie pulverförmigem, elektrisch gut leitendem Magnetit (Eisenoxyduloxyd) gefüllt ist. Außerdem sind noch andere Oxyde vorhanden, deren wichtigstes das für die Lichtausbeute wesentliche Titandioxyd ist. Die obere, positive Elektrode besteht aus einer massiven Kupferelektrode, die nur selten erneuert zu werden braucht. Die Außenluft kann frei zum Bogen hinzutreten und sorgt durch eine geeignete Führung für die Beseitigung der Verbrennungsprodukte. Das Licht ist glänzend weiß, kommt in seiner Lichtfarbe der Sonne recht nahe und geht in sehr erheblichem Maße vom Bogen selbst aus. (Electrical World, 64, 661, 1914.)

Die Magnetitbogenlampen sind fast nur in Amerika in Benutzung (Luminous Arc Lamps, hergestellt von der General Electric Co.), wo sie in großem Umfange für Straßenbeleuchtung Verwendung finden. Sie werden als 4- und 6,6-Amperelampen hergestellt und haben bei rd. 650 bzw. 1600 HK$_\cup$ einen spezifischen Verbrauch von 0,49 bzw. 0,32 W/HK$_\cup$. Die Lampenspannung beträgt rd. 80 V. Die übliche Schaltung sieht das Hintereinanderbrennen einer sehr großen Anzahl von Lampen vor, wobei die Stromstärke des so gebildeten Stromkreises konstant einreguliert wird.

Die Brenndauer der negativen Elektroden beträgt 150 bis 200 bzw. 75 bis 100 Stunden.

2. Die Titankarbidlampe.

In der Titankarbidlampe dient eine Titankarbidelektrode als Kathode, während als Anode ein Kupfer- oder Kohlestab benutzt wird. Die Lampe ist für Gleichstrom wie für Wechselstrom verwendbar und soll einen spezifischen Verbrauch von 0,3 W/HK$_\cup$ aufweisen. Sie ist ebenfalls nur in Amerika und auch dort nur in geringem Umfange zur Verwendung gelangt. (Electrical World, 54, 309, 1909.)

3. Die Wolframbogenlampe.

Die Wolframbogenlampe besitzt im Gegensatz zu den vorher genannten Bogenlampenarten eine überall völlig luftdicht verschlossene Glasglocke, die mit einer verdünnten, relativ zum Wolfram indifferenten Gasatmosphäre gefüllt ist. Die Elektroden der Lampe bestehen aus feststehenden, meist kugelförmig gestalteten Wolframkörpern, die beim Betriebe der Lampen keinen Abbrand erfahren und beide zum Glühen kommen. Der Lichtbogen selber trägt nicht zur Lichtabgabe bei. Bei Gleichstrom glüht die Anode stärker als die Kathode, bei Wechselstrom geraten beide Elektroden, dieselben Abmessungen vorausgesetzt, in gleichstarke Glut.

Die Zündung der Lampen erfolgt entweder durch Berührung oder durch Verwendung von die Gasstrecke ionisierenden Zündspiralen. Bei Lampen für kleine Stromstärken ist mitunter nur eine Elektrode vorgesehen, indem man als zweiten Pol die Zündspirale fungieren läßt.

Die Spannung am Bogen nimmt je nach der Art der Gasfüllung Werte von 20 V aufwärts an bei einem auf die am Bogen aufgewendete Leistung bezogenen spezifischen Verbrauch von etwa 0,5 W/HK. Zum Betriebe der Lampe ist ein Beruhigungswiderstand erforderlich. Die Lichtfarbe entspricht der einer Gasfüllungslampe gleicher Drahttemperatur, wie überhaupt die Wolframbogenlampe im Prinzip eine Gasfüllungslampe verkörpert, bei der die Erhitzung des aus Wolfram bestehenden Leuchtkörpers statt durch Joule'sche Wärme durch Elektronenstoß (Lichtbogenheizung) erfolgt.

Über die herstellbaren Typen lassen sich zurzeit keine Angaben machen, da die Lampe bis jetzt das Versuchsstadium kaum überschritten hat. Als Anwendungsgebiet der Lampen sind bisher lediglich Sonderzwecke in Aussicht genommen worden (Projektionstechnik, Kinematographie), wo es auf punktförmige Lichtquellen hoher Flächenhelle ankommt, und wo eine vollkommene Unbeweglichkeit des Lichtpunktes von Wert ist. (Z. Bel.-Wes. 22, 2, 1916; Licht u. Lampe 71, 1916; O. Kruh, E. u. M. 36, 345, 1918.)

4. Die Quecksilberdampflampe.

In der Quecksilberdampflampe (L. Arons, Wied. Ann. 47, 767, 1892; Hewitt, Electrician 52, 447, 1904; R. Küch u. T. Retschinsky, Ann. d. Phys. 20, 563, 1906; 22, 595 u. 851, 1907) wird das Lumineszenzleuchten eines Quecksilberdampf-Lichtbogens für die Lichterzeugung ausgenutzt; die Elektroden selber sind an der Lichtabgabe nicht beteiligt. Die Lampe kommt in ihrer ursprünglichen Form nur für Gleichstrombetrieb in Frage, so daß Wechselstrom vorher mit Hilfe eines Gleichrichters in Gleichstrom umzuwandeln ist. Neuerdings hat man auch Lampen konstruiert, die bei Wechselstrom direkt arbeiten; bei ihnen wird die Umwandlung des Wechselstroms in Gleichstrom in der Lampe selbst vorgenommen. (F. Girard, E.T.Z. 33, 676, 1912.)

Die Quecksilberdampflampe ist in zwei Ausführungsformen in den Handel gekommen, der älteren, bei der die Hülle der Lampe aus Glas besteht, und der jüngeren, deren Lampenkörper von einem Quarzglasgefäß gebildet wird. Nach dem in den beiden Lampenarten herrschenden Drucke unterscheidet man sie auch in Niederdruck- und Hochdruck-Quecksilberdampflampen.

Beiden Lampenarten gemeinsam ist die Tatsache, daß der luftdicht geschlossene Lampenkörper vorzüglich evakuiert wird, und daß man durch Neigen des Gefäßes und Berührung zwischen Anode und Kathode den Lichtbogen bildet (Kurzschlußzündung), oder daß man die Zündung durch einen Hochspannungsstoß einleitet. Zur Aufnahme der Spannungsschwankungen im Netz wie des bei der Kurzschlußzündung der Lampe entstehenden Stromstoßes dient ein Vorschaltwiderstand. Er wird oft von einem die Spannung an der Lampe konstant haltenden Eisenwiderstand gebildet. Die Spannung des Lichtbogens nimmt in den ersten Minuten nach dem Einleiten der Entladung unter dem Einflusse der ansteigenden Temperatur und des ansteigenden Druckes ständig zu, bis die Druckverhältnisse in der Lampe konstant geworden sind.

a) Die Quecksilberbogenlampe mit Glasgefäß. Bei der Niederdruck-Quecksilberdampflampe wird eine Glasröhre als Lichtbogenhülle verwendet, die etwa 28 mm Durchmesser und je nach der Lampentype eine Länge von 0,55 bzw. 1,15 m besitzt. An den Enden sind die Röhren zur Aufnahme der Stromzuführungen erweitert; außerdem ist über der Kathode eine Kondensationskammer in Form einer an die Röhre angeblasenen Kugel vorgesehen, die das verdampfende Quecksilber kondensiert und es der Kathode wieder zuführt, und die gleichzeitig durch ihre Größe den Betriebsdruck in der Lampe regelt. Als Kathode dient flüssiges Quecksilber, als Anode kommen geeignet geformte Körper aus Eisen, Kohle oder Graphit in Frage. In der normalen Ausführungsform werden die Lampen horizontal oder schräg geneigt angeordnet.

Die Farbe des Quecksilber-Lichtbogens der Niederdrucklampe ist ausgesprochen blaugrün, da in dem von ihm ausgehenden Linienspektrum die intensiven blaugrünen Linien stark überwiegen und gelbe und rote Strahlen fast völlig fehlen. Aus diesem Grunde werden farbige Gegenstände im Lichte der Quecksilberbogenlampe völlig falsch bewertet, weshalb die Lampe für Zwecke der Allgemeinbeleuchtung keinen Eingang gefunden hat. Ein beschränktes Arbeitsgebiet hat sich ihr für industrielle Zwecke dadurch eröffnet, daß feine Gegenstände infolge der im Quecksilberlicht stark hervortretenden Kontraste zwischen hell und dunkel besonders gut erkennbar sind. Eine sehr beträchtliche Anwendung hat sie infolge ihres Reichtums an blauen und ultravioletten Strahlen für photographische und medizinische Zwecke gefunden. Besonders wirksam wird dieser Gehalt an ultravioletter Strahlung, wenn man die Röhren nicht aus gewöhnlichem Glase herstellt, sondern dafür ein Glas höherer Ultraviolett-Durchlässigkeit verwendet (Uviolglas, Schott & Gen.).

Die Lampenspannung beträgt bei den vorher genannten Arten von Röhren 40 bzw. 80 V, so daß unter Berücksichtigung des erforderlichen Vorschaltwiderstandes im ersten Falle Zweischaltung bei 110, Vierschaltung bei 220 V, im zweiten Falle Einzelschaltung bei 110, Zweischaltung bei 220 V in Frage kommt.

Die Stromstärke beläuft sich bei beiden Lampentypen auf 3,5 Amp. Die Lampen geben senkrecht zum Leuchtkörper etwa 350 bzw. 800 HK. Der praktische spezifische Effektverbrauch beträgt rd. 0,5 W/HK$_h$.

Die Brenndauer der Lampen ist lediglich von der Haltbarkeit der Röhren abhängig. Sie kann im Mittel zu etwa 2000 Stunden angenommen werden.

b) Die Quarz-Quecksilberlampe. In der Hochdruck-Quecksilberdampflampe ist das umhüllende Glasgefäß durch einen Lampenkörper aus Quarzglas ersetzt. Dadurch wird es möglich, den Betriebsdruck des Quecksilberdampfes erheblich zu steigern (bis zu 1 Atm.), weil das Quarzglas nicht nur bei höheren Temperaturen beständig ist, sondern auch eine weitgehende Unempfindlichkeit gegen plötzliche Temperaturänderungen besitzt. Die Erhöhung des Betriebsdruckes führt zu einer Zunahme des Potentialgradienten des Quecksilberdampfes und damit zu der Möglichkeit, die Abmessungen des rohrförmigen Lampengefäßes gegenüber den Niederdruck-Dampflampen beträchtlich zu verringern. So weist beispielsweise die normale Quarz-Quecksilberlampe für 110 V ein nur etwa 7 cm langes Quarzrohr von ca. 5 mm Durchmesser auf.

Bei der Hochdrucklampe, deren Brennerrohr horizontal angeordnet ist, werden beide Elektroden von Quecksilber gebildet, das sich in den an den Rohrenden befindlichen Polgefäßen aus Quarzglas befindet. Die Kühlung dieser Gefäße wird durch an ihnen befestigte, einstellbare Metallbandkühler geregelt. Die Zündung der Lampen erfolgt gewöhnlich durch Kippen und wird im allgemeinen beim Einschalten automatisch ausgeführt. Der Beruhigungswiderstand vernichtet 10 bis 20% der zugeführten Spannung. In der für Außenbeleuchtung in Frage kommenden Ausführungsform der Lampe sind die Quarzrohre nebst Schalt- und Zündvorrichtung sowie dem Vorschaltwiderstand in einer Armatur mit Opalglasglocke nach Art der bei den Bogenlampen üblichen untergebracht.

Die Lichtfarbe der Lampen ist weniger anormal als bei den Niederdrucklampen, da wegen der höheren Bogentemperatur auch rote Strahlen in geringer Menge ausgesandt werden; immerhin ist der Farbton des Lichtes noch so ausgesprochen blaugrün, daß es für sehr viele Zwecke der Allgemeinbeleuchtung nicht in Frage kommt. Dagegen ist der Anteil an ultravioletten Strahlen gleichzeitig sehr stark angewachsen. Dies macht auf der einen Seite für normale Beleuchtungszwecke die Benutzung einer Schutzglocke aus Glas zu einer unabweisbaren Notwendigkeit, weil das Glas die physiologisch wirksamen, kurzwelligen Strahlen absorbiert und so die zu befürchtenden Schädigungen des menschlichen Organismus (Haut, Auge usw.) verhindert, eröffnet aber zum anderen der Lampe ein weites Anwendungsgebiet für therapeutische und bakteriologische Zwecke (Bestrahlungen zu Heilzwecken, Trinkwassersterilisation).

Die Lampe wird für Stromstärken von 1,5 bis 3,5 Amp. für unmittelbaren Anschluß an 110 und 220 V hergestellt. Die Lichtstärken betragen 500 bis 3000 HK_v bei einem spezifischen Effektverbrauch von 0,4 bis 0,25 W/HK_v. Die durchschnittliche Lebensdauer eines Quarzglaslampenkörpers beträgt etwa 2000 Stunden.

5. Die Metalldampflampe von Wolfke.

Die für viele Zwecke störende Lichtfarbe der Quecksilberdampflampen war der Ausgangspunkt von Versuchen, andere verdampfbare Metalle und Legierungen in ähnlicher Weise wie das Quecksilber für die Lichterzeugung nutzbar zu machen. Ein technisches Ergebnis dieser Arbeiten war die Metalldampflampe von Wolfke (1912), dem es durch Verwendung von Quecksilber und Kadmium nebeneinander gelang, auch im Rot eine beträchtliche Lichtemission zu erzielen. Die

Elektroden dieser Lampe bestehen aus einer festen Legierung von Kadmium und 3 bis 10% Quecksilber. Der spezifische Effektverbrauch soll dem der Quecksilberquarzlampe entsprechen. Über die Einführung der Lampe in den praktischen Gebrauch ist bisher nichts bekannt geworden. (Wolfke, E.T.Z. 33, 917, 1912.)

6. Die Neonbogenlampe.

Die für Gleichstrombetrieb durchgebildeten Neonbogenlampen stellen ein praktisches Ergebnis der Versuche dar, verdünnte Edelgase unter dem Einfluß von elektrischen Entladungen zum Lumineszenzleuchten zu bringen. Der Lampenkörper wird in diesen Lampen in ähnlicher Weise wie bei den Quecksilberdampflampen von einem Glasrohr gebildet, an dessen Enden die Elektroden gasdicht eingeschmolzen sind. Die Anode der Lampe besteht aus Eisen o. dgl., während als Kathode Alkalimetallegierungen (Natrium-Amalgam), Kadmium-Thallium usw. Verwendung finden. Für die Lichtabgabe wird nur das Leuchten der positiven Lichtsäule herangezogen, deren Potentialgradient bei den verwendeten Fülldrucken wegen der geringen dielektrischen Festigkeit des Neons verhältnismäßig klein ist. Er liegt bei den benutzten Röhrendurchmessern in der Größenordnung von einigen Volt für 1 cm, so daß die Neonbogenlampe ohne weiteres für die gebräuchlichen Netzspannungen (110 und 220 V) hergestellt werden kann.

Die Zündung der Lampen erfolgt in der teilweise auch bei den Quecksilberdampflampen üblichen Weise, indem mit Hilfe eines Vakuumunterbrechers unter Benutzung einer Selbstinduktionsspule ein Hochspannungsstromstoß durch die Röhre geschickt wird. Zur Beruhigung des Lichtbogens dient ein Vorschaltwiderstand, der bei 220 V Netzspannung 70 V aufnehmen muß.

Die Lichtfarbe der Entladung ist ausgesprochen blutrot, so daß auch diese Lampenart für die Allgemeinbeleuchtung nicht in Frage kommt. Ihre Anwendungsmöglichkeiten liegen auf dem Gebiete der Effekt- und Reklamebeleuchtung und des Signalwesens; auch für medizinische Zwecke scheint sich die Lampe in vielen Fällen zu eignen.

Für Effektbeleuchtung ist eine Lampentype im Handel, die für 220 V hergestellt wird und einen Stromverbrauch von rd. 1 Amp. besitzt. Ihr spezifischer Effektverbrauch ist trotz des hohen Spannungsabfalles im Vorschaltwiderstande und der an den Elektroden entstehenden Energieverluste mit etwa 0,5 W/HK recht günstig.

Die Brenndauer der Neonbogenlampe wird zu mehr als 1000 Stunden angegeben. Die Lampe wird von der Studiengesellschaft für elektrische Leuchtröhren G.m.b.H. und der Jul. Pintsch A.-G. hergestellt. (Skaupy, D.R.P. 286753; Berl. Klin. Wochenschrift H. 12, 1916; Helios 23, 9, 1917 u. 24, 118, 1918; F. Schröter, Z. f. El.-Chem. 24, 132, 1918.)

B. Die Glimmentladungslampe.

Die Glimmentladungslampen stellen eine der Neonbogenlampe verwandte Lösung der Aufgabe dar, das Lumineszenzleuchten von Gasen für die Lichttechnik zu verwerten. Sie weichen von ihr in der benutzten Entladungsform ab, indem bei ihnen an die Stelle der Lichtbogenentladung die Glimmentladung tritt. Dabei sind zwei verschiedene Formen dieser Lampen zu unterscheiden, solche die nur bei hohen Spannungen in der Größenordnung von einigen 1000 V arbeiten (Moore-Licht), und solche, die auch bei Netzspannungen von etwa 220 V verwendbar sind (Glimmlampe für niedrige Spannungen).

1. Das Moore-Licht.

Die von Moore durchgebildete Vakuumröhrenbeleuchtung (Moore-Licht) verwendet verdünnten Stickstoff und verdünnte Kohlensäure als Träger der Glimmentladung und schließt diese Gase in Glasröhren luftdicht gegen die Umgebung ab. Ein sinnreich konstruiertes Ventil stellt die Verbindung des Röhreninnern mit einem Gasbehälter her und führt den Röhren selbsttätig Stickstoff oder Kohlensäure in richtiger Menge zu, wenn die in der Röhre befindlichen Gase unter dem Einfluß der Entladungen von den inneren Glaswandungen oder den Elektroden absorbiert werden. Dieses Ventil stellt die hauptsächliche technische Leistung am Moore-Licht dar, da es nur dadurch möglich wurde, die schon jahrzehntelang vorher bekannten Geißlerschen Röhren, in denen verdünnte Gase mit Hilfe hochgespannten Wechselstroms zum Leuchten gebracht wurden, zu einer technischen Beleuchtungseinrichtung umzugestalten.

Das Moore-Licht kommt nur für den Betrieb mit Wechselströmen hoher Spannung (5000 bis 17000 V und mehr) in Frage, so daß beim Anschluß an Gleichstromnetze eine vorherige Umformung des Gleichstroms erforderlich ist. Die hohe Spannung erklärt sich bei beiden genannten Gasen aus ihrer beträchtlichen dielektrischen Kohäsion, die einen hohen Spannungsabfall für die Längeneinheit der Röhren mit sich bringt. Je nach den gewünschten Röhrenlängen ist die Spannung des anzulegenden Wechselstroms verschieden. Die Röhrenlängen schwanken in den praktisch ausgeführten Anlagen zwischen 20 und 160 m. Sie werden in der Weise montiert, daß sie in kleinen Längen am Orte ihrer Verwendung zusammengeschmolzen, mit dem gewählten Füllgase versehen, durch Evakuieren auf den gewünschten Fülldruck gebracht und dann verschlossen werden. Anfang und Ende der Röhre werden direkt an die Sekundärklemmen des Hochspannungstransformators geführt. Dabei muß durch geeignete Aufstellung und gute Isolation für eine hinreichende Betriebssicherheit der Anlagen gesorgt werden. (Grix, Z.D.J. 56, 588, 1912.)

Die Lichtfarbe ist bei den Stickstoffröhren gelbrot und läßt sie noch für Zwecke der Allgemeinbeleuchtung geeignet erscheinen. Ihr praktischer spezifischer Effektverbrauch, der in diesem Falle wegen der großen räumlichen Ausdehnung der Lichtquelle zweckmäßig aus Beleuchtungsmessungen ermittelt wird, beträgt etwa 1,5 W/HK. Wesentlich ungünstiger (rd. 4 W/HK) verhalten sich die Röhren mit Kohlensäurefüllung, die aber dafür eine rein weiße, dem Tageslicht ganz außerordentlich nahekommende Lichtfarbe besitzen. Sie haben aus diesem Grunde vielfach da Verwendung gefunden, wo bei künstlicher Beleuchtung eine genau mit dem Tageslicht übereinstimmende Unterscheidung von Farbstoffen vorzunehmen ist (Färbereien, Farbfabriken, Verkaufsräume usw.). Für solche Zwecke sind auch tragbare Einrichtungen in den Handel gekommen. (Z. f. Bel.-Wes. 25, 98, 1919.)

Eigentliche Lampentypen kann man bei dem Moore-Licht nicht unterscheiden, da sich die Spannung nach der in Frage kommenden Röhrenlänge richtet; die Stromstärke im Hochspannungskreis beläuft sich auf etwa 0,3 Amp. Die Leuchtdauer einer Füllung beträgt bei beiden Röhrenarten 1000 bis 2000 Stunden. Nach dieser Zeit werden die Röhren zweckmäßig geöffnet, neu gefüllt und evakuiert.

2. Die Glimmlampe für niedrige Spannungen.

Seit kurzem (1918) ist es durch Verwendung von Gasen geringerer dielektrischer Kohäsion gelungen, mit einer Glimmentladung arbeitende Lampen für Gebrauchsspannungen von etwa 220 V herzustellen. Als Füllgase benutzt man in diesem Falle verdünntes Neon bzw. eine Neon-Heliummischung niedrigen Druckes und macht dabei das Kathodenleuchten einer großflächigen Metallkathode für die Lichterzeugung nutzbar. Die positive Lichtsäule und der darin zu erwartende Spannungsabfall sind unterdrückt, indem die Anode der Kathode auf etwa 3 mm genähert ist. Die Elektroden bestehen aus Metallblechen oder Stiften (gewöhnlich Eisen).

Die Grenzspannung, bei der die Lampe eben anspricht, liegt bei etwa 150 V. Zur Beruhigung der Entladung wird ein in die Lampe eingebauter Vorschaltwiderstand benutzt. Gegen Spannungsschwankungen sind die Lampen ziemlich unempfindlich, so daß eine für 220 V hergestellte Lampe ohne weiteres bei 210 oder 230 V verwendet werden kann. Die Lampen können sowohl mit Gleichstrom wie mit Wechselstrom betrieben werden; nur muß bei der Gleichstromlampe auf richtige Polung geachtet werden, während bei Wechselstrom zweckmäßig hierfür gebaute Sonderausführungen Verwendung finden. Die Lampen werden mit einem normalen Edisonsockel versehen, wie er bei den Glühlampen üblich ist.

Die Lichtfarbe der Lampen ist durch die verwendeten Edelgase gegeben und schwankt je nach dem Gehalt der Füllung an Neongas zwischen rötlichgelb und rot.

An Lampentypen kommt hauptsächlich eine Ausführungsform für einen Verbrauch von 5 Watt in Frage, die in Sonderausführungen für Gleich- bzw. Wechselstrom im Handel ist. Die Lichtstärke der Lampen ist verhältnismäßig gering (etwa 0,3 HK$_\ominus$), so daß sich eine ziemlich ungünstige Lichtausbeute (rd. 15 W/HK$_\ominus$) ergibt. Die Lampe ist für solche Verwendungszwecke gedacht, bei denen es sich in erster Linie um eine orientierende Beleuchtung handelt, und wo auf einen recht niedrigen absoluten Verbrauch Wert gelegt wird (Kellereien,

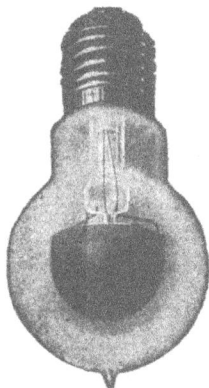

Abb. 8. Gleichstrom-
Glimmlampe für 5 Watt
220 Volt.

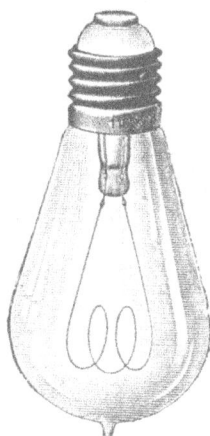

Abb. 9.
Kohlefadenlampe für
16 HK 110 V.

Lagerräume, Signalzwecke u. dgl.). Außerdem werden Glimmlampen für Reklamezwecke hergestellt, bei denen die Kathodenbleche Buchstabenformen haben; auch kommen Kontroll-Lämpchen mit einem absoluten Verbrauch bis zu 0,2 Watt in den Handel. Die von der Firma J. Pintsch A.-G. für Gleichstrom hergestellte 5 Watt-Lampe wird durch Abb. 8 wiedergegeben. Die Lampen werden in etwas abweichender Bauart neuerdings auch von der Osram-G. m. b. H. hergestellt.

Die mittlere Brenndauer der Glimmlampen wird zu 1000 Stunden angegeben. (F. Schröter, E.T.Z. 40, 186, 1919.)

C. Die elektrische Glühlampe.

1. Die Kohlefadenlampe.

a) Die normale Kohlefadenlampe. In der normalen Ausführungsform der Kohlefadenlampe ist der Kohlefaden in Form einer ungehaltenen, doppelten oder dreifachen Schleife oder Spirale in einer hoch evakuierten Birnenglocke untergebracht (Abb. 9). Der verwendete Kohlefaden wird nach verschiedenen Spritzverfahren hergestellt, hat einen ziemlich hohen spezifischen Widerstand (30 bis 40 Ohm für 1 mm² und m) und besitzt einen negativen Temperaturkoeffizienten des Widerstandes, d. h. verringert seinen Widerstand mit zunehmender Temperatur. Der Widerstandswert bei normaler Glühtemperatur ist etwa halb so groß wie in kaltem Zustande.

Dem entspricht eine hohe Empfindlichkeit gegen Spannungsschwankungen, indem die Stromstärke bei einer Zunahme der Spannung von 1% um 1,2% anwächst bei einer gleichzeitigen Abnahme des spezifischen Verbrauchs um etwa 4,3% von beispielsweise 3,5 auf 3,35 W/HK. Die zugehörige Lichtzunahme beträgt etwa 7,5%.

Die Lichtfarbe der Kohlefadenlampe ist ausgesprochen rötlichgelb, da die schwarze Temperatur des in seinen Strahlungseigenschaften dem schwarzen Körper vergleichbaren Kohlefadens bei 4 W/HK rd. 1760°, bei 3,5 W/HK etwa 1790° C beträgt. (Die entsprechenden wahren Temperaturen sind 1830 bzw. 1865° C.)

Die heute im Aussterben begriffene Kohlefadenlampe wurde für Lichtstärken von 1 bis 100 Kerzen und Gebrauchsspannungen bis 250 V hergestellt. Als Lichtstärke rechnete dabei die mittlere horizontale Lichtstärke; die Lampentypen waren nach der Lichtstärke in Lampen für 5, 10, 16, 25, 32, 50 und 100 HK gestaffelt.

Der spezifische Verbrauch der Lampen schwankt je nach der Fadendicke zwischen 4,0 und 3,0 W/HK. Die Lebensdauer ist von der Belastung abhängig und verringert sich mit zunehmender Belastung (abnehmendem spezifischem Verbrauch). Sie wird außerdem praktisch dadurch begrenzt, daß sich die Lampen im Laufe ihrer Brennzeit infolge der Zerstäubung des Fadens schwärzen und an Helligkeit stark einbüßen. Zur Beurteilung des Verhaltens der Glühlampen hat man deshalb neben der Lebensdauer den Begriff der Nutzbrenndauer eingeführt, worunter man die Zeit versteht, nach welcher eine auf den Anfangswert bezogene Lichtabnahme von 20% eingetreten ist. Nach dieser Zeit empfiehlt sich die Auswechselung der Lampen, weil sie im Verhältnis zu ihrem Energieverbrauch zu wenig Licht geben. Die Nutzbrenndauer schwankt je nach der gewählten Belastung zwischen 400 und 800 Stunden.

Die Kohlefadenlampen sind wie alle Glühlampen für Gleich- und Wechselstrombetrieb geeignet und werden teils mit Klarglasglocke, teils mit halb oder ganz mattierten Glocken verwendet. Die Mattierung schützt das Auge des Beschauers vor der Blendung durch die hohe Flächenhelle des Fadens und verändert gleichzeitig durch Streuung und Reflexion die Lichtverteilung. Die Lichtverluste betragen bei halber Mattierung 2 bis 3, bei Mattierung der ganzen Glocke 5 bis 6%.

b) Die Kohlefadenlampe mit metallisiertem Faden. Bei der Kohlefadenlampe mit metallisiertem Faden ist der Kohlefaden durch
einen Glühprozeß bei sehr hohen Temperaturen teilweise in eine graphit-
artige Modifikation des Kohlenstoffes verwandelt. Dabei hat er einen
positiven Temperaturkoeffizienten des Widerstandes angenommen, so
daß sein Widerstand ebenso wie bei den Metallen mit zunehmender
Temperatur anwächst.

Kohlefadenlampen dieser Art wurden MK-Lampen genannt und
für die meisten der bei der gewöhnlichen Kohlefadenlampe gebräuchlichen Lampentypen hergestellt. Der spezifische Verbrauch betrug
etwa 2,2 W/HK bei etwa derselben Nutzbrenndauer wie bei den normalen Kohlefadenlampen.

2. Die Nernstlampe.

Der Leuchtkörper der Nernstlampe (W. Nernst, E.T.Z. 20,
355, 1899; O. Bußmann, E.T.Z. 24, 281, 1903) besteht aus einem
Gemisch von bei Zimmertemperatur nicht leitenden Oxyden der Metalle
der seltenen Erden (hauptsächlich Zirkon- und Yttererden); er muß
im Gegensatz zu den sonst gebräuchlichen Glühlampen in freier Luft
brennen. Um die Oxyde leitend zu machen, ist eine Vorwärmung
notwendig, die aus einer Heizspirale besteht und den aus einem oder
mehreren Stäbchen oder Röhrchen bestehenden Leuchtkörper der
Lampe umgibt oder ihm nahe benachbart ist. Für die Heizspirale wird
gewöhnlich ein mit einer Isoliermasse umkleideter Metalldraht geeigneter Abmessungen verwendet.

Die Heizspirale ist dem Leuchtkörper parallel geschaltet, der
selber in Reihe mit einem kleinen Elektromagneten liegt. Beim Einschalten fließt der Strom zunächst nur durch die Heizspirale, bis auch
der Leuchtkörper leitend wird und nach und nach mehr Strom auf-
nimmt. Hat der durch den Leuchtkörper fließende Strom einen bestimmten Wert erreicht, so schaltet der erwähnte Elektromagnet den
Heizstromkreis aus.

Der Leuchtkörper hat einen sehr stark negativen Temperaturkoeffizienten des Widerstandes und muß durch einen Vorschaltwiderstand gegen die ihm sehr schädlichen Schwankungen der Netzspannung
geschützt werden. Man verwendet dazu einen 10 bis 15% der Spannung
vernichtenden Eisenwiderstand. Dieser Eisenwiderstand, bestehend
aus einem in einer verdünnten Wasserstoff-Atmosphäre glühenden, in
einer Glasröhre eingeschlossenen Eisendraht, ist im Innern der Lampe
untergebracht und verhindert selbsttätig ein Ansteigen der Stromstärke über ihre normale Höhe.

Die nach den Nernstschen Patenten von der A.E.G. durchgebildeten Lampen wurden für Stromstärken von 0,25 bis 1,0 Amp. und
Spannungen von 100 bis 250 V hergestellt. Daneben kamen für

Sonderzwecke auch Lampen für stärkere Ströme in den Handel. Der spezifische Verbrauch der Nernstlampe belief sich auf 1,5 bis 1,8 W/HK$_h$; ihre Lebensdauer betrug 300 bis 500 Stunden.

Die Nernstlampe ist durch die Einführung der Wolframlampe vollständig aus den normalen Beleuchtungsanlagen verdrängt worden. Sie hat nur noch als Speziallampe für photographische Zwecke und Projektionsapparate ein beschränktes Anwendungsgebiet behalten, wird aber neuerdings auch hier durch die Gasfüllungslampe vollwertig ersetzt.

3. Die Osmiumlampe.

In der Osmiumlampe (F. Blau, E.T.Z. 26, 196, 1905) der ersten praktisch benutzten Metallfadenlampe, wurde ein gespritzter Faden aus metallischem Osmium in einer evakuierten Glasglocke zum Glühen erhitzt. Der Faden hatte bei Zimmertemperatur einen spezifischen Widerstand von 0,095 Ω für 1 mm² und m und erreichte bei der Betriebstemperatur den rund 8 fachen Wert des Kaltwiderstandes.

In der Lampe, die heute nur noch historisches Interesse hat, tauchte zum ersten Male die Aufgabe auf, den in der Hitze weichen, verhältnismäßig langen Metallfaden in geeigneter Weise in der Glühlampenglocke unterzubringen. Dies gelang zunächst nur so weit, daß die Lampe fabrikationsmäßig in Lichtstärken von 16 bis 32 Kerzen für Spannungen bis höchstens 75 V hergestellt werden konnte. Sie mußte deswegen bei den üblichen Netzspannungen in Reihenschaltung zu 2 bis 3 Lampen brennen. Der spezifische Verbrauch der Lampen betrug etwa 1,5 W/HK$_h$, die mittlere Lebensdauer mehr als 1000 Stunden; die in dieser Zeit eintretende Lichtabnahme war sehr gering.

Die Lampen wurden nach dem von Auer v. Welsbach angegebenen Verfahren von der Deutschen Gasglühlicht A.-G. (Auergesellschaft) hergestellt.

4. Die Tantallampe.

Die Tantallampe (W. Bolton u. O. Feuerlein, E.T.Z. 26, 105, 1905) war die erste Glühlampe mit gezogenem Metalldraht. Sie löste die in der Osmiumlampe zuerst angeschnittene Frage der Unterbringung des langen Metallfadens in technisch einwandfreier Weise, indem sie das mittlere Traggestell aus Glas mit mehreren Halterkränzen aus Metall in die Glühlampentechnik einführte. Der zwischen zwei oder mehreren solcher Halterkränze zickzackförmig hin und her geführte Draht ist seitdem ein charakteristisches Merkmal der Metallfaden- bzw. Metalldrahtlampe geblieben.

Der spezifische Widerstand des Tantals beträgt bei Zimmertemperatur 0,146 Ω für 1 mm² und m. Er wächst mit zunehmender Temperatur und erreicht bei der Betriebstemperatur der Lampen etwa den

6,5 fachen Kaltwiderstand. Wegen des positiven Temperaturkoeffizienten ist die relative Stromzunahme bei 1% Spannungsänderung wesentlich kleiner als bei der Kohlefadenlampe; sie beträgt 0,7%. Die entsprechende Lichtänderung beläuft sich auf rund 4%. Der spezifische Verbrauch ändert sich dabei um etwa 2%.

Die Lichtfarbe der mit ihrer normalen Belastung brennenden Tantallampe ist wesentlich weißer als die der Kohlefadenlampe, entsprechend der relativ zu dieser gesteigerten Temperatur. Die schwarze Temperatur der Tantallampe beträgt bei 1,6 W/HK etwa 1800° C, die zugehörige wahre Temperatur rd. 1925° C.

Die Tantallampe (Abb. 10) wurde von der Firma Siemens & Halske A.-G. durchgebildet und für alle Spannungen bis zu 240 V in Lichtstärken bis zu 50 Kerzen hergestellt. Der spezifische Effektverbrauch der Lampen betrug 1,5 bis 1,7 W/HK$_h$, die Nutzbrenndauer 600 bis 800 Stunden. Die Lebensdauer war bei den dickdrähtigen Lampen und bei Gleichstrom höher als bei Wechselstrom und geringen Drahtstärken.

Die Tantallampe hat als erste die Überlegenheit der Metalldrahtlampe sinnfällig dargetan, indem sie bei einer Stromersparnis von mehr als 50% gegenüber der Kohlefadenlampe fast die gleiche Erschütterungsfestigkeit wie diese besaß. Sie vermochte sich wegen dieser Eigenschaft jahrelang neben den in dieser Beziehung sehr empfindlichen Wolframfadenlampen zu behaupten, verlor aber ihre Daseinsberechtigung, als mit der Einführung des gezogenen Wolframdrahtes die Stoßfestigkeit der Wolframdrahtlampe ganz wesentlich zunahm. Heute wird die Tantallampe nicht mehr angefertigt.

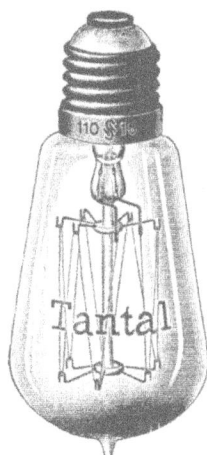

Abb. 10.
Tantallampe für
16 HK 110 V.

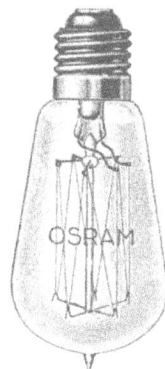

Abb. 11. Wolframdrahtlampe für
16 HK 110 V.

5. Die Wolfram-Vakuumlampe.

a) Die Wolframlampe mit glattem Leuchtdraht. Die Wolframlampe mit im Zickzack hin und her geführtem Leuchtdraht ist die älteste und auch heute noch verbreitetste Form der Wolframlampe. Sie hat durch die verschiedenen Etappen ihrer Entwicklung hindurch das von der Tantallampe übernommene Traggestell beibehalten, wie dies die Abb. 11 einer modernen Wolframdrahtlampe für 16 HK 110 V erkennen läßt. Die im geschichtlichen Überblick erwähnte Frage des Materials für den Leuchtkörper der Lampen ist dahin entschieden,

daß die überwiegende Menge der heute hergestellten Lampen mit gezogenen Wolframdrähten versehen ist (Osram-, Wotan-, A.E.G.-
Metalldrahtlampe), denen eine geringe Fertigung von Lampen mit
gespritzten, sog. Einkristallfäden gegenübersteht (Siriuslampe).

Der spezifische Widerstand des Wolframs beträgt bei Zimmertemperatur 0,053 Ω für 1 mm² und m; er wächst mit der Temperatur

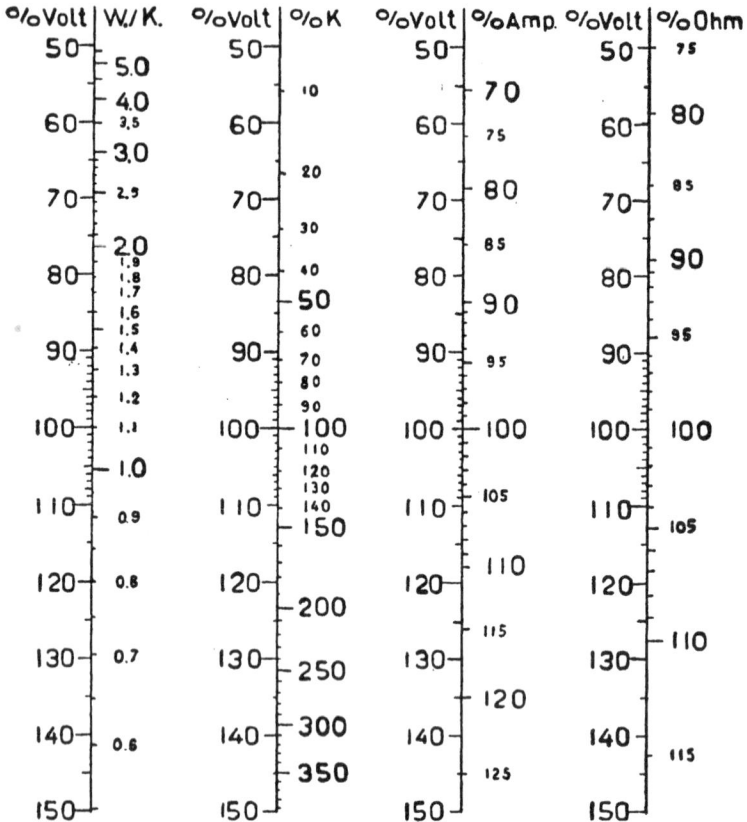

Abb. 12. Abhängigkeit der W/HK, % HK, % Ampere und % Ohm von der
Spannung in % bei Wolfram-Vakuumlampen.

stark an und erreicht bei der normalen Betriebstemperatur der Lampen
den etwa 12fachen Wert des Kaltwiderstandes. Das dadurch gegebene
Verhalten bei Spannungsänderungen ist aus der Abb. 12 zu
entnehmen; in ihr sind auch die entsprechenden Angaben über die
Änderung der Lichtstärke und des spezifischen Verbrauchs enthalten.

Die angegebenen Verhältniszahlen des elektrischen Widerstandes
bedingen verhältnismäßig hohe, im ersten Augenblick das 12fache
der Dauerstromstärke betragende Einschaltströme, die je nach der

Drahtdicke schneller oder langsamer auf den Wert der Dauerstromstärke abfallen. Bei einer Lampe für 25 HK 110 V ist der Einschaltvorgang beispielsweise bereits nach rd. 0,1 Sek. beendet, während er
bei einer 100kerzigen 110 V-Lampe etwa 0,15 Sek. erfordert. Im Falle
der Verwendung dickdrähtiger Lampen ist dieser Tatsache bei der
Bemessung der Sicherungen Rechnung zu tragen.

Von der Drahtdicke hängt auch die Wärmekapazität der Fäden
ab, die in der Frage des Flimmerns der Lampen bei Wechselstrom eine Rolle spielt. Bei gegebener Periodenzahl ist jeweils eine
Mindestdrahtdicke angebbar, oberhalb deren die durch den periodischen
Verlauf der Spannung bedingten Lichtschwankungen vom Auge nicht
mehr als störend empfunden werden.

Die Lichtfarbe der Wolframdrahtlampen ist erheblich weißer
als die der Kohlefaden- und Tantallampen, entsprechend der bei
1,1 W/HK 1910°, bei 0,9 W/HK 1970° C betragenden schwarzen Temperatur. Die zugehörigen wahren Temperaturen belaufen sich auf
2060° bzw. 2130° C.

Die Typenreihe der gebräuchlichen Lampen weist eine außer-
ordentliche Mannigfaltigkeit auf, da die Wolframlampe den verschiedensten Spannungen und Gebrauchszwecken in ihrem äußeren und
inneren Aufbau allmählich angepaßt wurde. Die Normalform stellt
bisher die nach Lichtstärken gestaffelte Birnenlampe nach Abb. 11
dar, die für 110 V als 5, 10, 16, 25, 32, 50 und 100 HK-Lampe, für
220 V als 10, 16, 25, 32, 50 und 100 HK-Lampe in den Handel kommt.
Neuerdings sind Bestrebungen im Gange, die Staffelung nach dem
Verbrauch vorzunehmen und bei 110 V Lampen für 10, 20, 25, 40,
60 und 100 W, bei 220 V für 20, 25, 50, 60 und 100 W herzustellen.

Der spezifische Verbrauch der Lampen liegt im Mittel bei
1,0 W/HK$_h$. Er wird bei den dickdrähtigen Lampen (50 HK/110 V)
bis 0,9 W/HK unter-, bei den dünndrähtigen Typen (16 HK/220 V)
bis 1,3 W/HK überschritten. Einen ungefähren Überblick über die
von den Fabriken eingehaltenen Zahlen gibt die Tabelle 1 (S. 45), in
der für die nach Watt gestaffelten Lampentypen die in Frage kommenden Angaben wiedergegeben sind. Die Aufstellung enthält neben den
in HK$_\ominus$ angegebenen sphärischen Lichtstärken auch die zugehörigen
mittleren horizontalen Lichtstärken HK$_h$, den von den einzelnen Lampentypen ausgehenden Lichtstrom in Hefnerlumen (HLm), den spezifischen Verbrauch in W/HK$_\ominus$ und W/HK$_h$ und die Lichtausbeute in
HK$_\ominus$/W bzw. HLm/W.

Für die verschiedenen Sonderausführungen (Kerzenlampen,
Soffitenlampen, Illuminationslampen, Automobillampen, Taschenlampen, Grubenlampen usw.), die im allgemeinen nach der Lichtstärke
gestaffelt sind, gelten ähnliche Zahlen. Eine Ausnahme machte die
heute nicht mehr im Handel befindliche hochkerzige Wolframeffekt-

oder Intensivlampe, die für Lichtstärken von 200 bis 2000 HK für 110 und 220 V hergestellt wurde und einen spezifischen Verbrauch von etwa 0,8 W/HK$_h$ hatte. Die in Abb. 13 wiedergegebene Lampenart war dadurch bemerkenswert, daß in ihrem Innern chemische Präparate untergebracht waren, die den sich sonst durch Zerstäuben des Fadenmaterials auf der Glockenwand bildenden dunklen Niederschlag in farblose, lichtdurchlässige Wolframverbindungen überführten. Es war infolgedessen möglich, die Beanspruchung des Fadenmaterials zu erhöhen, ohne die zulässige Lichtabnahme zu überschreiten.

Unter den bereits erwähnten Sonderausführungen zeichnet sich die Soffittenlampe (Abb. 14) durch ihr im wesentlichen in der Achse eines langgestreckten Zylinders angeordnetes Leuchtsystem aus, das ihr ein besonderes Anwendungsgebiet in Schaukästen und Schaufenstern, in der Theaterbeleuchtung und für die Hervorhebung von Konturen bei der Beleuchtung

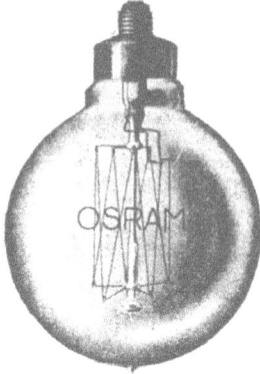

Abb. 13. Wolfram-Intensivlampe für 1000 HK 110 V.

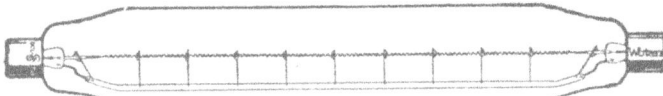

Abb. 14. Soffittenlampe für 100 HK 110 V.

von Räumen oder Gebäuden sichert. Im Gegensatz dazu kommt das Leuchtsystem einer Reihe von Automobillampen (Abb. 15) dem Wunsche nach einer möglichst punktförmigen Lichtquelle weitgehend entgegen, so daß diese Lampen eine besonders günstige Ausnutzung des in ihnen erzeugten Lichtstromes in Scheinwerfern usw. gestatten. Wirtschaftlich von großer Bedeutung sind die Taschenlampen, Grubenlampen usw., die unter ähnlichen Bedingungen eine günstige Umsetzung der in den Taschenbatterien und tragbaren Akkumulatoren aufgespeicherten geringen Energiemengen ermöglichen.

Abb. 15. Automobillampe für 32 HK 6 V.

Eine besondere Erwähnung an dieser Stelle verdienen noch die heute nicht mehr hergestellten Vericolampen, in denen die Lichtfarbe der Einwattlampe dem Tageslicht mit Hilfe von passend ausgewählten, blaugrün gefärbten Glocken genähert war. Die Lampen hatten einen spezifischen Verbrauch von rd. 1,3 W/HK$_h$ und genügten für viele Zwecke, um farbige Stoffe u. dgl. relativ zum Tageslicht richtig zu

bewerten. Sie sind die Vorläufer der neuerdings hergestellten Tages-
lichtarmaturen (Beleuchtungskörper-G. m. b. H., Berlin; Tageslicht-
G. m. b. H., Berlin; Reinlicht-A.-G., München), die die gleiche Auf-
gabe in vollkommenerer Weise lösen, indem sie die Lichtfarbe einer
Wolframlampe, gewöhnlich einer Gasfüllungslampe, mit .Hilfe farbiger
Lichtfilter subtraktiv verändern.

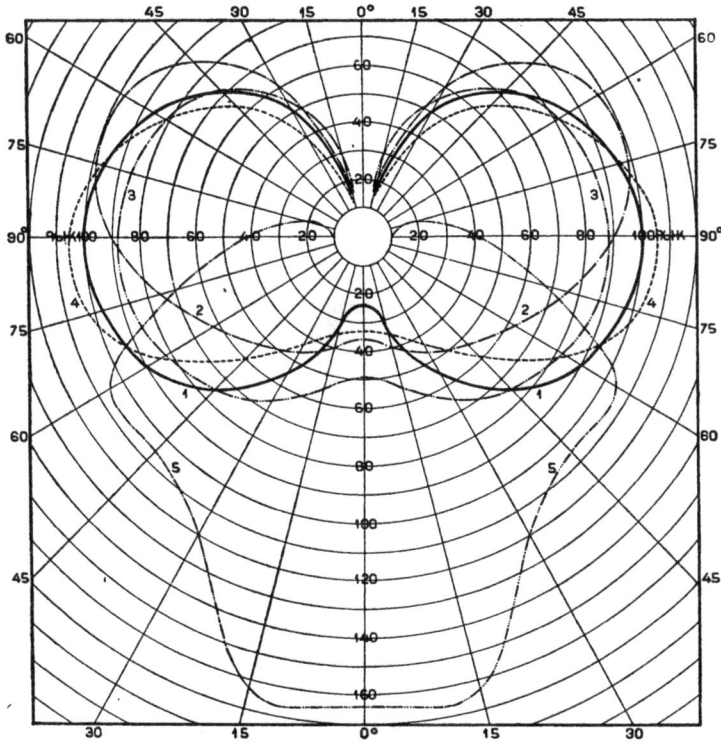

Abb. 16. Lichtverteilungskurven
1) einer Wolframlampe mit geradlinig hin- und hergeführtem Faden
2)   dgl.   mit halbmattierter Kugelglocke
3)   dgl.   mit ganz mattierter Kugelglocke
4)   dgl.   Birnenform, mit mattierter Kappe
5) wie 1) mit Holophanreflektor h 2632.

Die Lichtverteilungskurve der normalen Wolframdrahtlampe
entspricht im wesentlichen der für einen idealen zylindrischen Leuchtkörper geltenden Kurve, da der Leuchtdraht der Lampe auf der
Mantelfläche eines langgestreckten Zylinders gleichmäßig verteilt ist.
Sie ist für eine Lampe mit Klarglasglocke in der Abb. 16 als ausgezogene Kurve wiedergegeben. Das Verhältnis der sphärischen zur
mittleren horizontalen Lichtstärke beträgt im Mittel 0,79. Werden
die Lampen ganz oder teilweise mattiert, oder wendet man Reflektoren
an, so ergeben sich abweichende Lichtverteilungskurven, wie sie punk-

3

tiert in der gleichen Abbildung für einige charakteristische Fälle mit eingezeichnet sind.

Die Lichtstärke der Lampen nimmt mit zunehmender Brenndauer etwa in der Weise ab, wie dies die Abb. 17 erkennen läßt. Die auf eine Lichtabnahme von 20% bezogene Nutzbrenndauer beträgt im Durchschnitt mehr als 1000 Stunden; die mittlere Lebensdauer der

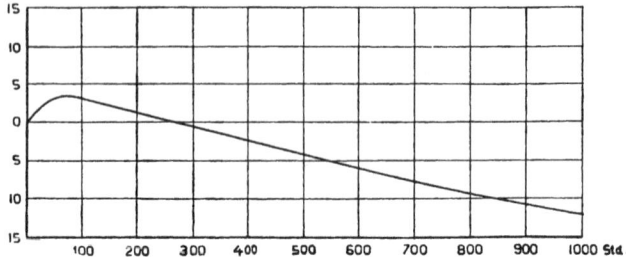

Abb. 17. Abhängigkeit der Lichtstärke einer Wolfram-Drahtlampe für 32 HK 110 V von der Brenndauer.

Lampen pflegt diese Zahl erheblich zu übersteigen. Die Belastung der Lampen ist im allgemeinen so bemessen, daß geringe Spannungsschwankungen in der Größe von 2 bis 3% keinen merklichen Einfluß auf Lebensdauer und Nutzbrenndauer haben. Bei erheblichen Spannungsüberschreitungen nehmen Nutzbrenndauer und Lebensdauer schnell ab. Für Überschlagsrechnungen kann man annehmen, daß jedes Prozent Spannungszunahme eine Abnahme der Nutzbrenndauer von 6 bis 7% zur Folge hat.

b) Die Wolfram-Vakuumlampe mit Spiraldraht-Leuchtkörper. Die Wolframdrahtlampen, bei denen ein spiralförmig aufgewickelter Leuchtdraht in einer evakuierten Glocke glüht (Abb. 18), unterscheiden sich von der vorher genannten Lampenart nur dadurch, daß sie eine andersartige Lichtverteilungskurve aufweisen, daß sie meistens eine größere Stoßfestigkeit besitzen, und daß sie wegen des gedrängteren inneren Aufbaues zum Teil mit kleineren Glockenabmessungen auskommen.

Abb. 18. Wolfram-Vakuumlampe mit Spiralglühkörper für 25 Watt 110 Volt.

Was insbesondere die Lichtverteilung betrifft, so ist das bei den normalen Lampen in der Horizontalebene vorhandene Maximum zugunsten der Lichtstärke in der Achsenrichtung verringert, wie dies die Abb. 19 veranschaulicht. In sie ist die Lichtverteilungskurve der normalen Drahtlampe aus der Abb. 16 übernommen; die Lichtverteilungskurve der Spiraldrahtlampe ist gestrichelt eingezeichnet und auf den gleichen Lichtstrom bezogen.

Der spezifische Verbrauch der Spiraldrahtlampen ist um ein Geringes höher als der der normalen Drahtlampen und ergibt sich aus der Tabelle 2 (S. 45), die gleichzeitig die nach Watt abgestufte Typeneinteilung dieser Lampenart erkennen läßt. Dem Gebrauche entsprechend sind nur die sphärischen Lichtstärken und der bei jeder Lampentype eingehaltene spezifische Verbrauch in $W/HK_\ominus$ angegeben.

Die mittlere Nutzbrenndauer und die Lebensdauer der Spiraldrahtvakuumlampen nehmen mit der Drahtdicke zu und betragen meist über 1000 Stunden.

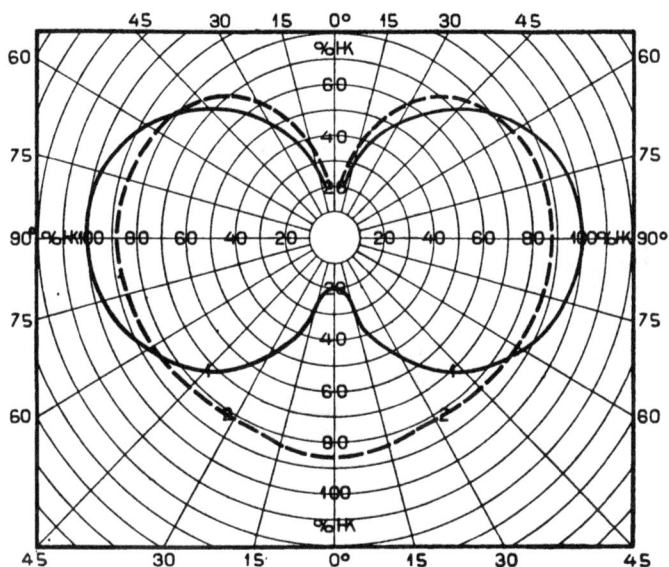

Abb. 19. Lichtverteilungskurve einer Wolfram-Vakuumlampe mit Spiraldraht-Leuchtkörper (gestrichelte Kurve) verglichen mit der Lichtverteilung einer normalen Drahtlampe gleichen Lichtstromes (ausgezogene Kurve).

6. Die Wolfram-Gasfüllungslampe.

Die Gasfüllungslampe (I. Langmuir, Trans. A. I. E. E. 1895, 1913; K. Mey, A. E. G.-Ztg. H. 5, 1913; Pirani u. Meyer, E.T.Z. 36, 493, 1915) hat mit der vorher genannten Lampenart gemeinsam, daß in ihr ein Wolfram-Leuchtkörper zum Glühen gebracht wird, und unterscheidet sich dadurch prinzipiell von ihr, daß der Wolfram-Leuchtkörper in einer Atmosphäre indifferenter Gase glüht.

Die erste Folge dieses Unterschiedes ist, daß die eingebrachte Gasfüllung der Neigung des glühenden Wolframs zur Verdampfung entgegenwirkt, und daß der Faden deshalb bei gleicher Lebensdauer auf wesentlich höhere Betriebstemperaturen gebracht werden kann. Eine weitere Folge ist die, daß die der Lampe zugeführte elek-

3*

trische Arbeit nicht nur, wie bei der Wolfram-Vakuumlampe, in Energie-
strahlung umgesetzt wird bzw. als abgeleitete Wärme verloren geht,
sondern daß weitere Verluste durch die sog. Wärmekonvektion hinzu-
kommen. Diese äußert sich darin, daß das in der Lampe befindliche
Gas am glühenden Leuchtkörper erwärmt wird, daß es unter dem
Einfluß der sich ausbildenden Gaswirbel zur Glockenwandung gelangt
und sich dort abkühlt, und daß gleichzeitig neue kalte Gasmengen in
den gleichen Kreislauf eintreten.

Die so entstehenden Konvektionsverluste sind recht beträchtlich und werden durch die in der nachstehenden Tabelle enthaltenen,
von Langmuir ermittelten Zahlen näher gekennzeichnet.

Spezifischer Verbrauch glühender Wolframdrähte bei verschiedenen Temperaturen und Drahtdurchmessern.

Wahre Fadentemperatur °C	im Vakuum	Spezifischer Verbrauch (W/HKh) glühender Wolframdrähte in Stickstoff von Atmosphärendruck bei einem Durchmesser von						
		0,025 mm	0,051 mm	0,127 mm	0,25 mm	0,51 mm	1,27 mm	2,54 mm
2130	0,9	4,32	2,82	1,82	1,43	1,22	1,06	1,00
2305	0,57	2,28	1,54	1,03	0,84	0,73	0,65	0,62
2460	0,41	1,39	0,96	0,67	0,56	0,48	0,45	0,44
2615	0,30	0,90	0,64	0,45	0,39	0,35	0,32	0,31
2785	0,23	0,63	0,46	0,33	0,30	0,27	0,25	0,24
2970	0,19	0,47	0,35	0,27	0,23	0,22	0,21	0,20
3065	0,18	0,41	0,31	0,24	0,22	0,20	0,19	0,19

Die Aufstellung vergleicht bei einer Reihe von wahren Faden-
temperaturen die für eine Kerze im Vakuum erforderlichen, von der
Drahtdicke unabhängigen Watt mit der entsprechenden, in Stickstoff
von Atmosphärendruck aufzuwendenden, mit dem Drahtdurchmesser
veränderlichen Leistung. Sie zeigt, daß der auf den Energiebedarf im
Vakuum bezogene, durch die Konvektionsverluste bedingte Energie-
aufwand bei allen Temperaturen mit zunehmendem Durchmesser ab-
nimmt, und daß er sich bei allen Drahtdicken mit steigender Temperatur verringert.

Für die Praxis hätten diese Beobachtungen Langmuirs unmittelbar keinen Fortschritt bedeutet, da der möglichen Temperatursteigerung
durch die vom Verbraucher verlangten Brenndauern von 800 bis 1000
Stunden eine bei rd. 2500° C liegende Grenze gezogen war, und da die
überwiegende Menge der bei den gebräuchlichen Lichtstärken für 110
und 220 V in Frage kommenden Lampendrähte dünner als 0,15 mm ist.
Trotz der Temperatursteigerung würden sich daher spezifische Ver-
bräuche ergeben haben, die in den günstigsten Fällen wenig vorteil-

hafter, im allgemeinen aber ungünstiger als in der Wolframvakuum-
lampe gewesen wären.

Nichtsdestoweniger aber war damit der kommende technische
Fortschritt angebahnt, den eine scharfsinnige Überlegung von Langmuir
und Orange (Proc. Am. Inst. El. Eng. 32, 1915, 1913; E.T.Z. 34,
1405, 1913) zum Abschluß brachte. Sie zogen nämlich aus den mit-
geteilten Untersuchungen den Schluß, daß man auch bei den dünnen
Drähten, an die man durch die festliegende Spannung, die ver-
langte Lichtstärke und die zulässige Betriebstemperatur der Fäden
gebunden war, den auf das Vakuum bezogenen prozentischen Ener-
giemehraufwand noch wesentlich verringern könnte, wenn man die
für die Konvektion in Frage kommende Oberfläche genügend ver-
kleinert. Man erreicht dies z. B., indem man den Draht zu einer möglichst eng gewickelten Spirale von geeignet groß gewähltem Durchmesser aufwickelt. Das praktische Ergebnis ist eine etwa der Längen-
verkürzung entsprechende Abnahme der Konvektionsverluste; die für
die Lichtabgabe in Frage kommende Oberfläche bleibt dabei im wesentlichen ungeändert.

Die angeführten Überlegungen lassen den Fortschritt erkennen,
der in dem Gedanken der Benutzung einer indifferenten Gasfüllung an
sich liegt; sie bringen gleichzeitig zum Ausdruck, daß der zu einer Spirale
o. dgl. zusammengedrängte Leuchtkörper ein grundlegendes Kon-
struktionselement der Gasfüllungslampe ist (D. R. P. Nr. 286 809).
Wie weit es auf diesem Wege gelungen ist, die durch die Gasfüllung hinzu-
kommenden Konvektionsverluste herabzudrücken, geht daraus hervor,
daß bei den im Handel befindlichen dickdrähtigen (hochkerzigen),
mit Stickstoff versehenen Gasfüllungslampen bei dem üblichen spezifischen Verbrauch nur etwa $10^0/_0$ mehr Energie zugeführt werden müssen,
als dasselbe Leuchtsystem bei der gleichen Temperatur, d. h. dem gleichen
Lichtstrom, im Vakuum erfordert. Dieser Mehrverbrauch nimmt, wie
ausgeführt, mit abnehmendem Spiraldurchmesser zu und beläuft sich
bei den kleinsten, mit Stickstoffüllung hergestellten Lampentypen auf
rd. 35 $^0/_0$.

Der Wahl des Spiraldurchmessers sind im übrigen durch die
Eigenschaften des Drahtes Grenzen gezogen, so daß der praktische
Aufbau der Lampen dadurch erschwert ist. Unter dem eigenen
Gewichte des schweren, in der Hitze weichen Drahtes wird nämlich
die Spirale bei großem Durchmesser auseinander gezogen und in ihrer
konvektionsvermindernden Wirkung unwirksam gemacht, so daß
man einen von der Dicke und den Materialeigenschaften abhängigen
inneren Durchmesser jeweils nicht überschreiten kann. Bei dünnen
Drähten hat man deshalb die Konvektionsverluste durch die Wahl des
Füllgases weiter verringert. Dazu hat man das Edelgas Argon bzw. Argon-
Stickstoffmischungen als Füllung verwendet, da sich die Wärmeleit-

fähigkeiten von Argon und Stickstoff wie 1 : 1,35 verhalten. Auf diesem Wege war die Herstellung von wettbewerbsfähigen, sehr dünndrähtigen Gasfüllungslampen möglich, die unter Verwendung von Stickstoff wesentlich unwirtschaftlicher als Vakuumlampen gewesen wären.

Der Fülldruck in den Lampen liegt in der Größenordnung von $^2/_3$ Atm., so daß in der brennenden Lampe etwa der normale Atmosphärendruck herrscht.

Die wahre Fadentemperatur beträgt etwa 2500° C; die Lichtfarbe ist dementsprechend wesentlich weißer und die Flächenhelle des Fadens erheblich größer als die der Wolframdrahtlampen. Dem

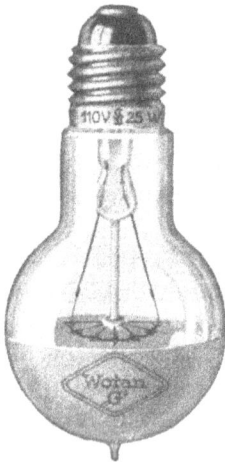

Abb. 20.
Gasfüllungslampe für 25 Watt
110 V mit in Ringform angeordneter Wolframdrahtspirale.

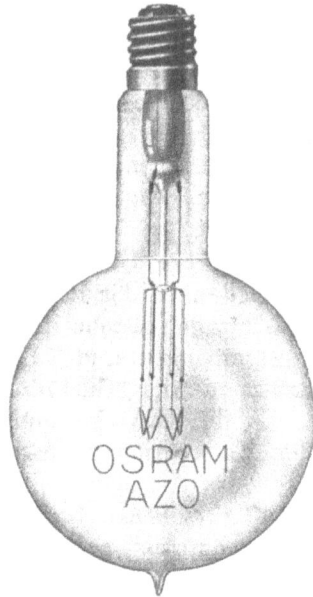

Abb. 21.
Gasfüllungslampe für 1000 Watt
110 V mit im Zickzack geführter
Wolframdrahtspirale.

entspricht ein Heißwiderstand der Lampen, der das 15 bis 16fache des Kaltwiderstandes beträgt.

Die für den Einschaltvorgang bei der Einwattlampe angestellten Überlegungen gelten in entsprechender Weise; er erfordert bei einer Lampe für 500 W 110 V beispielsweise 0,3 Sek., bei einer Lampe für 1000 W 110 V 0,4 Sek.

Das Verhalten des Stromes und der Lichtstärke bei Spannungsänderungen ist im wesentlichen dasselbe wie bei der Einwattlampe. Bei einer Spannungszunahme von 1% wächst der Strom um 0,52%, die Lichtstärke um 3,5%; der spezifische Verbrauch verringert sich dabei um etwa 1,7%.

Bei der Lichtverteilung der Gasfüllungslampen sind zwei prinzipiell verschiedene Kurven zu unterscheiden, je nachdem die Wolframdrahtspirale in der Glocke in ringförmiger Anordnung angebracht ist (Abb. 20), oder in Zickzackwicklung auf der Mantelfläche eines Zylinders hin- und hergeführt wird (Abb. 21). Die beiden entsprechenden Lichtverteilungskurven für die nackte Lampe bzw. die Lampe in gleichartiger Armatur sind in den Abb. 22 und 23 verdeutlicht. Das Verhältnis der mittleren sphärischen zur maximalen (axialen) Lichtstärke beträgt bei der ersterwähnten Ausführungsform im Mittel 0,80, während sich bei der zweiten der Umrechnungsfaktor der maximalen (horizontalen) Lichtstärke zur sphärischen zu rd. 0,85 ergibt.

Die Lampentypen sind nach der in Watt gemessenen Leistung gestaffelt und nehmen mit abnehmender Drahtdicke im spezifischen Verbrauch zu. Die von den Fabriken eingehaltenen Zahlen sind aus Tabelle 3 (S. 46) ersichtlich, in der die bei jeder Type erzielten HK$_\ominus$ und W/HK$_\ominus$ verzeichnet sind, und in der sich auch die Lichtströme in HLm sowie die Lichtausbeute in HK$_\ominus$/W und HLm/W verzeichnet finden.

Da von den Lampen dieser Art zuerst die hochkerzigen (dickdrähtigen) Typen in den Handel kamen, wurde es üblich, sie nach ihrem spezifischen Verbrauch zunächst als Halbwattlampen zu bezeichnen. In dem Maße, als Lampen mit dünneren Leuchtdrähten marktfähig wurden, verlor diese Bezeichnung an Berech-

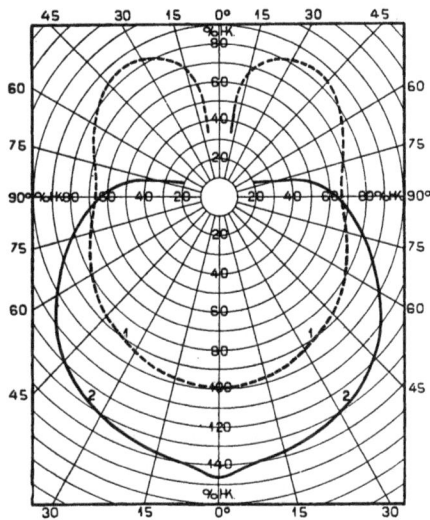

Abb. 22.
Lichtverteilungskurve einer Gasfüllungslampe für 300 Watt 55 V. mit in Ringform angeordneter Leuchtspirale
1) ohne Armatur,
2) in Armatur L 2501 der S. S. W. mit Klarglasglocke.

tigung. Die herstellenden Fabriken trugen dem Rechnung, indem sie teilweise durchweg die einfache Markenbezeichnung (Nitralampen) wählten, teilweise für die größeren Typen von 100 W aufwärts die alte Bezeichnung beibehielten (Osram- und Wotan-Halbwattlampen), für die dünnerdrähtigen Typen dagegen andere Namen wählten (Wotan-»G«-, Osram-Azo-, Osram-Azola Lampen).

Die Nutzbrenndauer der Lampen schwankt je nach der Type zwischen 800 und 1000 Stunden. Die mittlere Lebensdauer hat den gleichen Wert, abgesehen von den beiden kleinsten Typen jeder Spannungsreihe, für die eine Lebensdauer von 600 bis 800 Stunden angegeben wird. Da sich alle Angaben auf die normale Belastung beziehen, die bei den Gasfüllungslampen sehr weit getrieben ist, empfiehlt es sich nicht, die Lampen dauernden Überbeanspruchungen auszusetzen. In Anlagen, wo mit solchen Überlastungen zu rechnen ist, sind Lampen für eine entsprechend höhere Spannung zu verwenden.

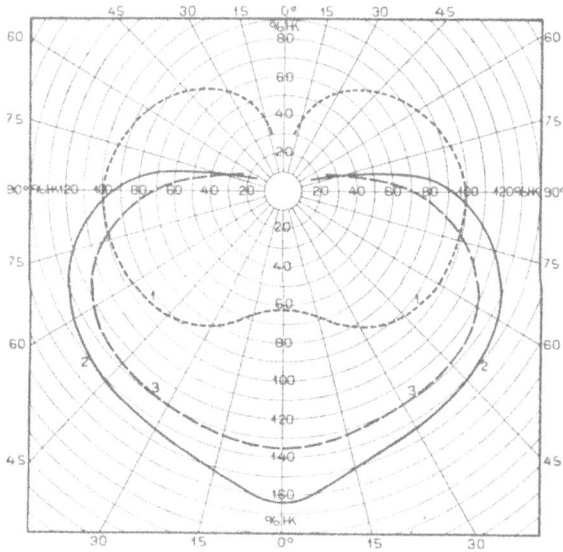

Abb. 23. Lichtverteilungskurve einer 1000 Watt 110 V Gasfüllungs-Lampe mit im Zickzack geführter Leuchtspirale
1) ohne Armatur,
2) in Armatur L 2502 der S. S. W. mit Klarglasglocke,
3)   dgl.   mit Opalglasglocke.

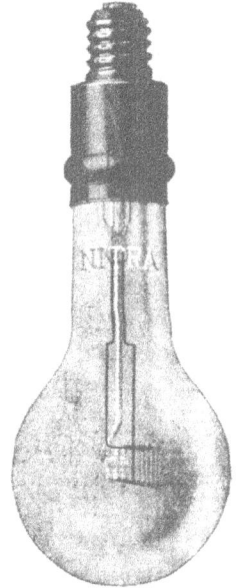

Abb. 24. Gasfüllungs-Projektionslampe für 2500 HK 110 V.

Von Sonderausführungen der Gasfüllungslampe haben die in ihrem inneren Aufbau der Abb. 15 entsprechenden Gasfüllungs-Automobillampen sowie Gasfüllungs-Projektionslampen eine größere Bedeutung erlangt. Bei der letztgenannten Lampenart war es möglich, den verhältnismäßig langen Leuchtdraht ganz außerordentlich zusammenzudrängen und damit den Anforderungen der Projektions- und Scheinwerfertechnik anzupassen. In der Tat ist es gelungen, bei diesen Lampen das Verhältnis der Lichtstärke zur Projektion der Leuchtfläche in der Hauptausstrahlungsrichtung bis auf 1000 HK/cm² und mehr zu steigern. Der dabei gewählte konstruktive Aufbau wird aus der Abb. 24 ersichtlich.

§ 3. Wirtschaftliches und Statistisches.

Überblickt man die für die einzelnen Lampenarten gemachten Angaben, so sieht man, daß ein allgemeiner Vergleich nicht durchführbar ist, da jede Lampenart in Lichtstärke, Lichtfarbe, Lampenspannung,

Stromart usw. ganz verschiedenen Bedürfnissen Rechnung trägt. Je nach dem Verwendungszweck wird daher nur ein bestimmter Kreis elektrischer Lampen in Wettbewerb treten, und auch da wird es meist schwierig sein, einen allgemein gehaltenen Vergleich anzustellen, weil eine Lampenart in der Unterteilbarkeit des Lichtes, die zweite in der Wirtschaftlichkeit, die dritte in der Flächenhelle, die vierte und die folgenden in anderer Beziehung Vorteile zeigen werden. Es wird deswegen von den besonderen Bedingungen in jedem Falle abhängen, welcher Beleuchtungsart man den Vorzug gibt, und es werden dabei insbesondere noch wirtschaftliche Überlegungen über die Lampenkosten einschließlich Leuchtmittelsteuer, über Verzinsung und Amortisation des Anlagekapitals, über die Stromkosten und die Bedienungskosten eine Rolle spielen.

Einige der wichtigsten dieser wirtschaftlichen Gesichtspunkte erfassen zwei von J. Teichmüller angegebene Formeln für die Kosten b einer Kerzenstunde (in Pfennig) bzw. die Kosten B einer Lampenbrennstunde (in Pfennig). Bezeichnet man nämlich den Preis einer Kilowattstunde (in Pfennig) mit k, den spezifischen Effektverbrauch in W/HK mit w, den Anschaffungspreis der Lampe (in Pfennig) mit p, die Nutzbrenndauer in Stunden mit t und die Lichtstärke in HK mit J, so ist

$$b = \frac{w \cdot k}{1000} + \frac{p}{J\,t}$$

und

$$B = \frac{w \cdot k \cdot J}{1000} + \frac{p}{t}\;.$$

Dabei gibt der erste Summand der zweiten Formel die stündlichen Stromkosten für die Lampenbrennstunde, der zweite die stündlichen Kosten für den Lampenersatz an.

Mit Hilfe dieser Formeln ist es möglich, für verschiedene Lampenarten die Kosten für die Lampenbrennstunde und die Kosten für die Kerzenbrennstunde zu berechnen und einander zum Vergleich gegenüberzustellen. Von einer solchen Gegenüberstellung sei hier abgesehen, weil einmal die sehr wichtigen Bedienungskosten dabei überhaupt nicht berücksichtigt werden, und weil zum andern die augenblicklichen Verhältnisse mit den sich sprunghaft ändernden Strompreisen und Anschaffungskosten die Grundlagen des Vergleichs unsicher gestalten. Davon abgesehen aber sollte jeder derartige Kostenvergleich erst zur Durchführung kommen, wenn die eigentlichen beleuchtungstechnischen Fragen betr. die geforderte Beleuchtung, die Gleichmäßigkeit der Beleuchtung, die blendungsfreie Unterbringung der Lichtquelle usw. genügend geklärt sind.

Zum Schluß seien einige Zahlen zusammengestellt, die ein Bild von der Bedeutung der elektrischen Beleuchtungsindustrie für die

Volkswirtschaft geben, indem die Produktions-, Ausfuhr- und Einfuhr-
ziffern für die Jahre 1913 bis 1918 auf Grund der Vierteljahrshefte zur
Statistik des Deutschen Reiches verglichen werden. Die Tabelle 4
(S. 46) ermöglicht einen Vergleich dieser Größen für die verschiedenen
Jahre und gibt ein Bild von der Rolle, die die Industrie der Leuchtmittel
für unsere Handelsbilanz gespielt hat und augenblicklich spielt. Zum
Vergleich sind auch die Zahlen mit verzeichnet, die in der erwähnten
Statistik für die Herstellung, Ausfuhr und Einfuhr von Glühkörpern
für Gaslampen zu finden sind.

Buchliteratur.

W. Wedding, Über den Wirkungsgrad und die praktische Bedeutung der
  gebräuchlichen Lichtquellen, 1905.
B. Monasch, Elektrische Beleuchtung, Hannover 1910.
K. Strecker, Hilfsbuch für die Elektrotechnik, Berlin 1912.
F. Uppenborn — G. Dettmar, Deutscher Kalender für Elektrotechniker,
  München und Berlin 1921.
L. Bloch, Elektrische Beleuchtung in »Enzyklopädie der technischen Chemie«,
  Berlin und Wien 1915.
T. Croft, Practical electric illumination, New York und London 1917.
B. Monasch, Der elektrische Lichtbogen bei Gleichstrom und Wechselstrom,
  Berlin 1904.
J. Zeidler, Die elektrischen Bogenlampen, deren Prinzip, Konstruktion und
  Anwendung, Braunschweig 1905.
W. Biegon v. Czudnochowski, Das elektrische Bogenlicht, Leipzig 1906.
K. Stockhausen, Der eingeschlossene Lichtbogen bei Gleichstrom, Leipzig 1907.
E. Rasch, Das elektrische Bogenlicht, Braunschweig 1910.
E. Vogel, Die Metalldampflampen mit besonderer Berücksichtigung der Queck-
  silberdampflampen, Leipzig 1907.
H. Weber, Die elektrischen Kohlefadenlampen, ihre Herstellung und Prüfung,
  Hannover 1908.
H. Weber, Die elektrischen Metallfaden-Glühlampen, Hannover 1914.
L. Müller, Die Fabrikation und Eigenschaften der Metalldrahtlampen, Halle
  a. S. 1914.

Tabelle 1. (Zu S. 33.)

Lichtstärken, Lichtströme, spez. Verbrauch und Lichtausbeute der nach dem Verbrauch gestaffelten Wolframdraht-Vakuumlampen.

Spannung Volt	Watt	HK$_\ominus$	W/HK$_\ominus$	HKhor	W/HKhor	HK$_\ominus$/W	HLm	HLm/W
100—130	10	6	1,67	7,5	1,34	0,60	75	7,5
100—130	20	15	1,33	19	1,05	0,75	187	9,4
100—130	25	19	1,32	24	1,04	0,76	239	9,6
100—130	40	32	1,25	40	1,00	0,80	402	10,1
100—130	60	48	1,25	61	0,98	0,80	604	10,1
100—130	100	80	1,25	102	0,98	0,80	1006	10,1
200—230	20	12	1,67	15	1,33	0,60	151	7,5
200—230	25	16	1,56	20	1,25	0,64	201	8,0
200—230	40	27	1,48	34	1,18	0,67	339	8,5
200—230	60	44	1,36	56	1,07	0,73	553	9,2
200—230	100	74	1,35	95	1,05	0,74	930	9,3

Tabelle 2. (Zu S. 37.)

Lichtstärken, Lichtströme, spez. Verbrauch und Lichtausbeute der nach dem Verbrauch gestaffelten Spiraldraht-Vakuumlampen.

Spannung Volt	Watt	HK$_\ominus$	W/HK$_\ominus$	HK$_\ominus$/W	HLm	HLm/W
100—130	15	9,5	1,58	0,63	119	8,0
100—130	25	17	1,47	0,68	214	8,5
100—130	40	28	1,43	0,70	352	8,8
100—130	60	43	1,39	0,72	540	9,0
200—230	25	15	1,67	0,60	189	7,5
200—230	40	26	1,54	0,65	327	8,2
200—230	60	40	1,50	0,67	503	8,4

Tabelle 3. (Zu S. 41.)

Lichtstärken, Lichtströme, spez. Verbrauch und Lichtausbeute der nach dem Verbrauch gestaffelten Gasfüllungslampen.

Spannung Volt	Watt	$HK_\ominus$	$W/HK_\ominus$	$HK_\ominus/W$	HLm	HLm/W
100—130	25	18	1,39	0,72	226	9,1
100—130	40	37	1,08	0,93	465	11,6
100—130	60	62	0,97	1,03	780	13,0
100—130	75	82	0,91	1,09	1 030	13,7
100—130	100	120	0,83	1,20	1 510	15,1
100—130	150	200	0,75	1,33	2 515	16,8
100—130	200	275	0,73	1,38	3 460	17,3
100—130	300	450	0,67	1,50	5 660	18,9
100—130	500	800	0,63	1,60	10 060	20,1
100—130	750	1200	0,63	1,60	15 100	20,1
100—130	1000	1650	0,61	1,65	20 750	20,8
100—130	1500	2600	0,58	1,73	32 700	21,8
200—230	60	45	1,33	0,75	566	9,4
200—230	75	68	1,10	0,91	855	11,4
200—230	100	100	1,00	1,00	1 257	12,6
200—230	150	170	0,88	1,13	2 140	14,3
200—230	200	250	0,80	1,25	3 145	15,7
200—230	300	400	0,75	1,33	5 030	16,8
200—230	500	750	0,67	1,50	9 435	18,9
200—230	750	1150	0,65	1,53	14 460	19,3
200—230	1000	1550	0,65	1,55	19 490	19,5
200—230	1500	2400	0,63	1,60	30 180	20,1

Tabelle 4. (Zu S. 44.)

Erzeugung, Ausfuhr und Einfuhr für die wichtigsten elektrischen Beleuchtungsarten unter gleichzeitiger Berücksichtigung der Glühkörper für Gaslampen usw. nach den Vierteljahrsheften zur Statistik des Deutschen Reiches.

Erzeugnis	Jahr	Inländ. Erzeugung Stück	Ausfuhr Stück	Ausfuhr in % der Inlandserzeug.	Einfuhr Stück	Einfuhr in % der Inlandserzeug.
Kohlefaden-Glühlampen	1913	13 666 646	7 506 730	54,9	409 279	3,0
	1914	7 291 856	2 758 452	37,8	97 580	1,3
	1915	7 330 139	2 254 287	30,8	21 466	0,3
	1916	6 915 413	2 220 052	32,1	9 300	0,1
	1917	6 124 940	1 316 902	21,5	9 830	0,2
	1918	4 666 011	725 221	15,5	13 237	0,3
	1919	4 683 113	740 741	15,8	3 945	0,1

Tabelle 4. (Fortsetzung.)

Erzeugnis	Jahr	Inländ. Erzeugung Stück	Ausfuhr		Einfuhr	
			Stück	in % der Inlands- erzeug.	Stück	in % der Inlands- erzeug.
Metallfaden-Glühlampen	1913	92 755 824	54 549 360	58,9	767 242	0,8
	1914	77 188 229	33 725 011	43,7	1 171 357	1,5
	1915	66 346 830	21 644 574	32,7	307 991	0,5
	1916	85 350 423	30 674 705	35,9	406 998	0,5
	1917	76 573 107	22 927 506	29,9	944 946	1,2
	1918	63 829 109	16 432 058	25,8	374 497	0,6
	1919	59 515 213	13 366 550	22,5	459 226	0,8
Nernst-Brenner	1913	82 237	76 677	93,3	272	0,3
	1914	24 574	15 925	65,0	236	1,0
	1915	13 480	7 510	55,7	98	0,7
	1916	6 156	198	3,2	—	—
	1917	1 839	600	32,6	55	0,3
	1918	2 688	1 400	52,1	20	0,7
	1919	10 819	1 710	15,8	107	1,0
Brenner zu Quecksilber-Dampflampen	1913	12 114	5 410	44,6	1 225	10,1
	1914	5 256	1 783	34,0	526	10,0
	1915	4 411	626	14,2	—	—
	1916	4 064	672	16,5	—	—
	1917	3 139	227	7,2	4	0,1
	1918	2 754	125	4,5	6	0,2
	1919	2 097	1 065	50,8	4	0,2
Glühkörper für Gaslampen usw.	1913	133 598 823	70 658 832	52,9	32 366	0,1
	1914	97 330 142	52 691 968	54,4	13 370	0,1
	1915	101 035 721	47 350 768	46,9	15 798	0,1
	1916	77 774 210	21 794 229	28,0	8 635	0,1
	1917	52 309 905	8 154 820	15,6	107 517	0,1
	1918	37 909 860	3 635 670	9,6	65 297	0,1
	1919	48 029 457	8 756 209	18,2	2 122	0,1
Brennstifte für Reinkohlen-Bogenlampen	1913	kg 7 803 242	kg 5 478 623	70,2	kg 54 810	0,7
	1914	» 4 358 465	» 2 443 352	56,1	» 89 114	2,0
	1915	» 2 117 088	» 800 625	38,2	» 188 446	8,9
	1916	» 1 431 809	» 404 928	28,3	» 2 438	0,2
	1917	» 1 173 951	» 249 694	21,2	» 4 294	0,4
	1918	» 869 674	» 183 243	23,1	» 98	0,1
	1919	» 638 060	» 205 386	32,2	» 48	0,1
Bogenlampen-Brennstifte mit Leuchtzusätzen	1913	kg 2 976 193	kg 1 606 797	54,0	kg 109 652	3,7
	1914	» 1 877 032	» 717 600	38,2	» 86 823	4,6
	1915	» 1 228 955	» 284 561	23,2	» 10 347	0,8
	1916	» 1 086 982	» 246 961	23,7	» 297	0,1
	1917	» 872 555	» 88 700	10,2	» 4 076	0,5
	1918	» 626 555	» 55 209	8,8	» 305	0,1
	1919	» 456 619	» 52 107	11,4	» 48	0,1